高等学校基础化学实验系列教材

物理化学实验

第二版

黄 震 成英之 孙典亭 主编

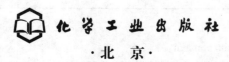

·北京·

《物理化学实验》(第二版) 共分四章。第一章介绍了物理化学实验的目的要求、误差、数据记录和处理等。第二章是实验部分,共 25 个实验项目,实验内容安排难易结合,既有传统实验,也有反映现代物理化学新进展、新技术及与应用密切结合的实验,兼顾了基础性、应用性和综合性。第三章是实验技术,介绍了物理化学实验中一些常用的仪器和测量方法。第四章收集了化学实验所需的常用数据表,便于查阅使用。

《物理化学实验》(第二版) 可作为高等院校化学、化工、材料、环境、生物、食品、轻工等专业本科生的教材,也可供从事化学科学研究的人员、化学专业技术人员参考使用。

图书在版编目 (CIP) 数据

物理化学实验/黄震,成英之,孙典亭主编 . —2 版 . —北京:化学工业出版社,2019.8(2025.2重印)
高等学校基础化学实验系列教材
ISBN 978-7-122-34579-0

Ⅰ.①物⋯ Ⅱ.①黄⋯②成⋯③孙⋯ Ⅲ.①物理化学-化学实验-高等学校-教材 Ⅳ.①O64-33

中国版本图书馆 CIP 数据核字 (2019) 第 101756 号

责任编辑:宋林青　　　　　　　　　　　文字编辑:刘志茹
责任校对:王素芹　　　　　　　　　　　装帧设计:刘丽华

出版发行:化学工业出版社 (北京市东城区青年湖南街 13 号　邮政编码 100011)
印　　装:三河市双峰印刷装订有限公司
787mm×1092mm　1/16　印张 8¼　字数 194 千字　2025 年 2 月北京第 2 版第 6 次印刷

购书咨询:010-64518888　　　　　　　　售后服务:010-64518899
网　　址:http://www.cip.com.cn
凡购买本书,如有缺损质量问题,本社销售中心负责调换。

定　价:22.00元　　　　　　　　　　　　　　　　　　　　版权所有　违者必究

高等学校基础化学实验系列教材编写指导委员会

主　　任：黄家寅
副 主 任：李　悦　禚淑萍　董云会　曲建华
委　　员：唐建国　于德爽　王培政　李　群　孙典亭
　　　　　黄志刚　李月云　张　慧　赵剑英　汪学军

《物理化学实验》（第二版）编写组

主　　编：黄　震　成英之　孙典亭
编　　者（以姓氏笔画为序）：

马兆立　王凤云　王海宁　艾　兵　权　德
成英之　刘卉春　孙秀玉　孙典亭　牟景林
李东鹏　陈　悦　周子彦　孟　洁　黄　震
薛　云　薛　莉　薛镇镇

前　言

　　物理化学实验是化学化工及相关专业本科生的一门重要必修基础课程。由青岛大学和山东理工大学两校合编的物理化学实验自 2009 年出版以来，已使用了十年。在此期间，物理化学实验技术不断进步，实验仪器也有所改进，编者历经多年的教学科研实践，也积累了一定的经验，因此对本书进行了修订。

　　与第一版相比，在第二章"实验部分"中，对恒温槽性能测试及液体黏度测定、B-Z 化学振荡反应、差热-热重分析等实验进行了较大的调整和更新，并对部分实验（如凝固点降低法测摩尔质量、溶液偏摩尔体积的测定等）的体系、内容、思考题和参考资料进行了修改。

　　参与本次修订工作的有青岛大学的黄震、陈悦、孙典亭、马兆立、薛云、权德、孟洁、薛镇镇、王凤云，山东理工大学的成英之、周子彦、牟景林、王海宁、艾兵、薛莉、孙秀玉、刘卉春、李东鹏，黄震、成英之和孙典亭审阅了全书并任主编。

　　感谢在本书编写过程中青岛大学和山东理工大学相关领导、同事给予的帮助和支持，感谢读者对第一版提出的意见和建议，再版时我们已尽可能作了订正，虽几经校对，仍难免有疏漏之处，还望读者不吝指正。

编　者
2019 年 3 月

第一版前言

本书是以青岛大学和山东理工大学等高校为主编单位合作出版的高等学校基础化学实验系列教材中的一部。该系列教材的编写目的是为普通高等院校的化学、化工类专业以及近化学、非化学类专业本科生提供一套适用性强的实验教材。

随着物理化学实验技术的不断发展，当代科学技术在物理化学领域的广泛应用，物理化学实验教学内容、实验方法和手段的不断更新，特别是社会对人才培养的要求越来越高，原有的物理化学实验教材已远远不能满足和适应新世纪人才培养的需要。因此，我们根据教育部关于化学、应用化学、化工、医学、药学、冶金和材料等专业"物理化学"教学大纲中对"物理化学实验"部分的要求和教育部对国家级化学实验教学示范中心建设内容中对物理化学实验课的基本要求编写了本实验指导书。在编写过程中参考了国内外出版的同类教材，吸收了青岛大学和山东理工大学近年来物理化学实验教学和教改的经验和成果，还充分考虑了当前我国普通高等院校基础课教学现状和不同学科专业对"物理化学实验"的不同要求，对教学内容进行了"精选"、"整合"和"创新"，强调对学生的动手能力、创新思维、科学素养等综合素质的全面培养。《物理化学实验》是化学、化工、材料、医学检验、药学、食品和生物科学类各专业学生的基础实验课，其目的是使学生准确掌握物理化学实验的基本技能，培养学生实事求是的科学态度以及良好的科学素质。

本书适用于化学化工类专业本科生的物理化学实验课教材，在内容上基本涵盖了物理化学的主要内容，主要由四章组成：第一章较为系统和详细地介绍了物理化学实验目的要求、物理化学实验中的误差问题、数据的记录和处理等问题。第二章是实验部分，涵盖了大学物理化学理论教学的主要内容，共25个实验项目，实验内容多选取多数院校沿用至今的经典实验，每个实验包括目的要求、预习要求、实验原理、仪器和试剂、实验步骤、数据记录和处理、思考与讨论7个部分，在一些实验中还附有实验数据记录格式，可供学生参照使用。第三章是实验技术，介绍了物理化学实验中一些常用的仪器和测量方法。本书在第四章收集化学实验所需的常用数据表，便于查阅使用。

本教材由黄震负责编写书中第一章及第二章中的部分内容；孙典亭编写第二章的实验一、七、十三、二十及第三、四章中的部分内容；陈悦负责编写第二章的实验六、十六、十七、二十四及第三章中的部分内容；周子彦负责编写第二章的实验三、四、十、十四以及第四章中的部分内容等；王凤云负责编写第二章的实验九、十一、二十二、二十三等内容。全书由黄震担任主编，负责全书的内容筹划、审定和统稿，黄志刚副教授为本书编写顾问。

艾兵（山东理工大学）、成英之（山东理工大学）、胡艳芳、王亦军、孙秀玉（山东理工大学）、齐同喜（山东理工大学）、路平等人参与了实验方法探索、资料收集整理等工作。本教材在编写过程中，得到了青岛大学和山东理工大学有关领导和同行的大力支持，在此深表谢意。

由于编者水平所限，书中难免还有疏漏和不当之处，敬请读者批评指正。

编　者

2009年6月于青岛大学

目　　录

第一章　绪论 … 1
- 一、物理化学实验的目的、要求和注意事项 … 1
- 二、物理化学实验中的误差 … 2
- 三、物理化学实验数据的记录和处理 … 6
- 四、物理化学实验室安全知识 … 8

第二章　实验部分 … 12
- 实验一　恒温槽性能测试及液体黏度测定 … 12
- 实验二　燃烧热的测定 … 15
- 实验三　溶解热的测定 … 20
- 实验四　中和热的测定 … 24
- 实验五　凝固点降低法测摩尔质量 … 26
- 实验六　液体饱和蒸气压的测定 … 29
- 实验七　双液系汽液平衡相图 … 31
- 实验八　二组分金属相图的绘制 … 34
- 实验九　部分互溶双液系的相互溶解度 … 36
- 实验十　液相平衡 … 38
- 实验十一　溶液偏摩尔体积的测定 … 40
- 实验十二　电导的测定及应用 … 43
- 实验十三　原电池电动势的测定 … 46
- 实验十四　氯离子选择性电极的测试及应用 … 49
- 实验十五　蔗糖水解速率常数的测定 … 53
- 实验十六　乙酸乙酯皂化反应 … 56
- 实验十七　丙酮碘化 … 58
- 实验十八　氨基甲酸铵分解反应平衡常数的测定 … 62
- 实验十九　B-Z化学振荡反应 … 65
- 实验二十　溶液表面张力的测定 … 69
- 实验二十一　黏度法测定高聚物的摩尔质量 … 72
- 实验二十二　溶胶的制备及电泳 … 75
- 实验二十三　乳状液的制备和性质 … 78
- 实验二十四　差热-热重分析 … 80
- 实验二十五　偶极矩的测定——小电容仪 … 82

第三章　实验技术 … 86
- 一、温度的测量和控制 … 86
- 二、折射率的测量和仪器 … 91

三、旋光度的测量和旋光仪 …………………………………………………… 94
　　四、分光光度计 ………………………………………………………………… 97
　　五、电导率的测量和仪器 ……………………………………………………… 101
　　六、原电池电动势的测量及仪器 ……………………………………………… 103
第四章　常用数据表 …………………………………………………………… 109
参考文献 ………………………………………………………………………… 121

第一章 绪 论

一、物理化学实验的目的、要求和注意事项

物理化学实验是继无机化学实验、分析化学实验和有机化学实验之后的一门基础化学实验课。物理化学实验综合了化学领域中各分支所需的基本研究工具和方法，通过实验的手段，研究物质的物理化学性质以及这些物理化学性质与化学反应之间的关系，从而形成规律的认识，使学生掌握物理化学的有关理论、实验方法和实验技术，以培养学生分析问题和解决问题的能力。

物理化学实验的目的是使学生了解物理化学实验的基本实验方法和实验技术，学会通用仪器的操作，培养学生的动手能力；通过实验操作、现象观察和数据处理，锻炼学生分析问题、解决问题的能力；加深对物理化学基本原理的理解，给学生提供理论联系实际和理论应用于实践的机会；培养学生勤奋学习、求真、求实、勤俭节约的优良品德和科学精神。

实验过程中的要求包括以下几个方面。

1. 做好预习

学生在进实验室之前必须仔细阅读实验书中有关的实验及基础知识，明确本次实验中测定什么量，最终求算什么量，用什么实验方法，使用什么仪器，控制什么实验条件，在此基础上写出实验预习报告。预习报告内容应包括：实验目的和原理，简要的操作步骤，并设计一个原始数据记录表。

进入实验室后不要急于动手做实验，首先要查对仪器，看是否完好，发现问题及时向指导教师提出，然后对照仪器进一步预习，并接受教师的提问、讲解，在教师指导下做好实验准备工作。

2. 实验操作及原始数据的记录

经指导教师同意方可接通仪器电源进行实验。仪器的使用要严格按照操作规程进行，不可盲动；对于实验操作步骤，通过预习做到心中有数，实验过程中要仔细观察实验现象，发现异常现象，应仔细查明原因，或请指导教师帮助分析处理。

实验结果必须经教师检查，数据不合格的应及时返工重做，直至获得满意结果，实验数据应随时记录在预习笔记本上，记录数据要实事求是，详细准确，且注意整洁清楚，不得任意涂改；如果发现某个数据有问题应舍弃时，可用笔轻轻圈去。数据记录应采用表格形式，字迹要整齐清楚。保持良好的记录习惯是物理化学实验的基本要求之一。

学生应严格按照仪器操作规程使用仪器，实验过程中应保持台面的整洁并遵守实验室的有关规定。实验完毕后，应将实验仪器及台面及时清理干净，填写仪器使用记录，经指导教师同意后，方可离开实验室。

3. 实验报告

学生应独立完成实验报告，并在下次实验前及时送指导教师批阅。实验报告的内容包括：实验目的及原理、实验装置简图、实验条件（室温、大气压、药品纯度、仪器精度等）、原始实验数据、数据处理及作图、结果讨论和思考题。数据处理应有原始数据记录表和计算结果表示表，需要计算的数据必须列出算式，对于多组数据，可列出其中一组数据的算式。

作图时必须按本绪论中数据处理部分所要求的去做，实验报告的数据处理中不仅包括表格、作图和计算，还应有必要的文字叙述。例如："所得数据列入××表"，"由表中数据作××～××图"等，以便使写出的报告更加清晰、明了，逻辑性强，便于批阅和留作以后参考。结果讨论应包括对实验现象的分析解释，查阅文献的情况，对实验结果误差的定性分析或定量计算，对实验的改进意见和做实验的心得体会等。

4. 实验室规则

① 实验时应遵守操作规则，遵守一切安全措施，保证实验安全进行。

② 遵守纪律，不迟到，不早退，保持室内安静，不大声谈笑，不到处乱走，不许在实验室内嬉闹及恶作剧。

③ 使用水、电、煤气、药品试剂等都应本着节约原则。

④ 未经老师允许不得乱动精密仪器，使用时要爱护仪器，如发现仪器损坏，立即报告指导教师并追查原因。

⑤ 室内随时保持整洁卫生，火柴杆、纸张等废物只能丢入废物缸内，不能随地乱丢，更不能丢入水槽，以免堵塞。实验完毕将玻璃仪器洗净，把实验桌打扫干净，公用仪器、试剂药品等都整理整齐。

⑥ 实验时要集中注意力，认真操作，仔细观察，积极思考，实验数据要及时如实详细地记在预习报告本上，不得涂改和伪造，如有记错，可在原数据上画一杠，再在旁边记下正确值。

⑦ 实验结束后，由同学轮流值日，负责打扫整理实验室，检查水、煤气、门窗是否关好，电闸是否拉掉，以保证实验室的安全。

实验室规则是人们长期从事化学实验工作的总结，它是保持良好环境和工作秩序，防止意外事故，做好实验的重要前提，也是培养学生优良素质的重要措施。

二、物理化学实验中的误差

由于实验方法的可靠程度，所用仪器的精密度和实验者感官的限度等各方面条件的限制，使得一切测量均带有误差，即测量值与真值之差。因此，必须对误差产生的原因及其规律进行研究，方可在合理的人力、物力支出条件下，获得可靠的实验结果，再通过实验数据的列表、作图、建立数学关系式等处理步骤，就可使实验结果变为有参考价值的资料，这在科学研究中是必不可少的。

1. 误差的分类

按其性质可分为如下三种。

(1) 系统误差

在相同条件下，多次测量同一量时，误差的绝对值和符号保持恒定，或在条件改变时，按某一确定规律变化的误差。系统误差产生的原因有以下几个。

① 实验方法方面的缺陷。例如使用了近似公式。

② 仪器药品不良引起。如电表零点偏差，温度计刻度不准，药品纯度不高等。

③ 操作者的不良习惯。如观察视线偏高或偏低。

改变实验条件可以发现系统误差的存在，针对产生原因，可采取措施将其消除。

(2) 过失误差（或粗差）

这是一种明显歪曲实验结果的误差。它无规律可循，是由操作者读错、记错所致，只要加强责任心，此类误差可以避免。发现有此种误差产生，所得数据应予以剔除。

(3) 偶然误差（随机误差）

在相同条件下多次测量同一量时，误差的绝对值时大时小，符号时正时负，但随测量次数的增加，其平均值趋近于零，即具有抵偿性，此类误差称为偶然误差。它产生的原因并不确定，一般是由环境条件的改变（如大气压、温度的波动）、操作者感官分辨能力的限制（如对仪器最小分度以内的读数难以读准确等）所致。

误差的表达方法有三种。

① 平均误差 $\delta = \dfrac{\sum |d_i|}{n}$，其中 d_i 为测量值 x_i 与算术平均值之差；n 为测量次数，且 $\bar{x} = \dfrac{\sum x_i}{n}$，$i = 1, 2, \cdots, n$。

② 标准误差（或称均方根误差）$\sigma = \sqrt{\dfrac{\sum d_i^2}{n-1}}$。

③ 偶然误差 $P = 0.675\sigma$。

一般常用前面两种。为了表达测量的精度，又有绝对误差、相对误差两种表达方法。

(1) 绝对误差

它表示了测量值与真值的接近程度，即测量的准确度。其表示法：$\bar{x} \pm \delta$ 或 $\bar{x} \pm \sigma$，其中，δ 和 σ 分别为平均误差和标准误差，一般以一位数字（最多两位）表示。

(2) 相对误差

它表示测量值的精密度，即各次测量值相互靠近的程度。其表示法如下。

$$\text{平均相对误差} = \pm \dfrac{\delta}{\bar{x}} \times 100\%$$

$$\text{标准相对误差} = \pm \dfrac{\sigma}{\bar{x}} \times 100\%$$

2. 偶然误差的统计规律和可疑值的舍弃

偶然误差符合正态分布规律，即正、负误差具有对称性。所以，只要测量次数足够多，在消除了系统误差和粗差的前提下，测量值的算术平均值趋近于真值。

$$\lim_{x \to \infty} \bar{x} = x_{真}$$

但是，一般测量次数不可能有无限多次，所以一般测量值的算术平均值也不等于真值。于是人们又常把测量值与算术平均值之差称为偏差，常与误差混用。

如果以误差出现次数 n 对标准误差的数值 σ 作图，得一对称曲线。统计结果表明测量结果的偏差大于 3σ 的概率不大于 0.3%。因此根据小概率定理，凡误差大于 3σ 的点，均可以作为粗差剔除。严格地说，这是指测量达到一百次以上时方可如此处理，可粗略地用于 15 次以上的测量。对于 10~15 次时可用 2σ，若测量次数再少，应酌情递减。

3. 误差传递——间接测量结果的误差计算

测量分为直接测量和间接测量两种，一切简单易得的量均可直接测量出，如用米尺量物体的长度，用温度计测量体系的温度等。对于较复杂不易直接测得的量，可通过直接测定简单量，而后按照一定的函数关系将它们计算出来。例如测量量热计温度变化 ΔT 和样品重 m，代入公式 $\Delta H = C \Delta T \dfrac{M}{m}$，就可求出溶解热 ΔH，于是直接测量的 T、m 的误差，就会传递给 ΔH。通过间接测量结果误差的求算，可以知道哪个直接测量值的误差对间接测量结果影响最大，从而可以有针对性地提高测量仪器的精度，获得好的结果。

（1）间接测量结果误差的计算

设有函数 $u = F(x, y)$，其中 x、y 为可以直接测量的量，则

$$du = \left(\frac{\partial F}{\partial x}\right)_y dx + \left(\frac{\partial F}{\partial y}\right)_x dy$$

此为误差传递的基本公式。

（2）间接测量结果的标准误差计算

若 $u = F(x, y)$，则函数 u 的标准误差为

$$\sigma_u = \sqrt{\left(\frac{\partial u}{\partial x}\right)^2 \sigma_x^2 + \left(\frac{\partial u}{\partial y}\right)^2 \sigma_y^2}$$

部分函数的标准误差列入表 1-1。

表 1-1 部分函数的标准误差

函数关系	绝对误差	相对误差
$u = x \pm y$	$\pm \sqrt{\sigma_x^2 + \sigma_y^2}$	$\pm \dfrac{1}{\|x \pm y\|} \sqrt{\sigma_x^2 + \sigma_y^2}$
$u = xy$	$\pm \sqrt{y^2 \sigma_x^2 + x^2 \sigma_y^2}$	$\pm \sqrt{\dfrac{\sigma_x^2}{x^2} + \dfrac{\sigma_y^2}{y^2}}$
$u = \dfrac{x}{y}$	$\pm \dfrac{1}{y} \sqrt{\sigma_x^2 + \dfrac{x^2}{y^2} \sigma_y^2}$	$\pm \sqrt{\dfrac{\sigma_x^2}{x^2} + \dfrac{\sigma_y^2}{y^2}}$
$u = x^n$	$\pm n x^{n-1} \sigma_x^2$	$\pm \dfrac{n}{x} \sigma_x$
$u = \ln x$	$\pm \dfrac{\sigma_x}{x}$	$\pm \dfrac{\sigma_x}{x \ln x}$

4．测量的准确度

准确度是指测得值与真值之间的符合程度。准确度的高低常以误差的大小来衡量。即误差越小，准确度越高；误差越大，准确度越低。准确度与精密度的区别如下。

① 一个精密度很好的测量结果，其准确度不一定很好；但准确度好的结果却必须精密度很好。

② 通常可用准确度来表示某一测量系统误差的大小，系统误差小的实验测量称为准确度高的测量；同样，可用精密度来表示某一测量的偶然误差的大小，偶然误差小的实验测量称为精密度高的测量。

5．可靠程度的估计

一般说来，在基础物理化学实验中，通常只测量一个 x_i，因此，不能得到测量可靠值的可靠程度（因为：$n \geq 5$ 时才能得到可靠性的可靠程度），但可按所用仪器的规格，估计测量值的可靠程度。下面是物理化学实验常用仪器的估计误差。

（1）容量仪器（用平均误差表示）

移液管	一等	二等
50mL	±0.05mL	±0.12mL
25mL	±0.04mL	±0.10mL
10mL	±0.02mL	±0.04mL
5mL	±0.01mL	±0.03mL
2mL	±0.006mL	±0.015mL

容量瓶	一等	二等
1000mL	±0.30mL	±0.60mL
500mL	±0.15mL	±0.30mL
250mL	±0.10mL	±0.20mL
100mL	±0.10mL	±0.20mL
50mL	±0.05mL	±0.10mL
25mL	±0.03mL	±0.06mL

（2）重量仪器（用平均误差表示）

分析天平　　　　　　　　一等 0.0001g
　　　　　　　　　　　　二等 0.0004g
工业天平（或物理天平）　0.001g
台秤　　　　　　　　　　称量 1kg　0.1g
　　　　　　　　　　　　称量 100g　0.01g

（3）温度计

一般取其最小分度值的 1/10 或 1/5 作为其精密度。例如 1℃ 刻度的温度计的精密度估读到 ±0.2℃，1/10℃ 刻度的温度计的精密度估读到 ±0.02℃。

（4）电表

新的电表，可按其说明书所述准确度来估计，例如 1.0 级电表的准确度为其最大量程值的 10%；0.5 级电表的准确度为其最大量程值的 5%。电表的精密度不可贸然认为就是其最小分度值的 1/5 或 1/10。电表测量结果的精密度最好每次测定。

6. 怎样使测量结果达到足够的精确度

综上所述，已知测定某一物理量时，为使测量结果达到足够的精确度，应按下列次序进行。

（1）正确选用仪器

按实验要求，确定所用仪器的规格，仪器的精密度不能低于实验结果要求的精密度，但也不必过优于实验结果的精密度。

（2）校正实验仪器和药品的系统误差

即校正仪器、纯化药品并选用标准样品测量。

（3）减小测量过程中的偶然误差

测定某种物理量时，要进行多次连续重复测量（必须在相同的实验条件下），直至测量结果围绕某一数值上下不规则变动时，取这些测量数值的算术平均值。

（4）进一步校正系统误差

当测量结果达不到要求的精密度，且确认测量误差为系统误差时，应进一步探索，反复实验，以致可以否定原来的标准值。

7. 有效数字

当对一个测量的量进行记录时，所记数字的位数应与仪器的精密度相符合，即所记数字的最后一位为仪器最小刻度以内的估计值，称为可疑值，其他几位为准确值，这样一个数字称为有效数字，它的位数不可随意增减。例如，普通 50mL 的滴定管，最小刻度为 0.1mL，则记录 26.55 是合理的；记录 26.5 和 26.556 都是错误的，因为它们分别缩小和夸大了仪器的精密度。为了方便地表达有效数字位数，一般用科学记数法记录数字，即用一个带小数的个位数乘以 10 的相当幂次表示。例如 0.000567 可写为 5.67×10^{-4},有效数字为三位;10680 可写为 1.0680×10^4,有效数字是五位,如此等等。用于表达小数点位置的零不计入有效数字位数。

在间接测量中,须通过一定公式将直接测量值进行运算,运算中对有效数字位数的取舍应遵循如下规则。

① 误差一般只取一位有效数字,最多两位。

② 有效数字的位数越多,数值的精确度也越大,相对误差越小。

a. (1.35 ± 0.01)m,三位有效数字,相对误差 0.7%。

b. (1.3500 ± 0.0001)m,五位有效数字,相对误差 0.007%。

③ 若第一位的数值等于或大于 8,则有效数字的总位数可多算一位,如 9.23 虽然只有三位,但在运算时,可以看作四位。

④ 运算中舍弃过多不定数字时,应用"4 舍 6 入,逢 5 尾留双"的法则,例如有下列两个数值:9.435、4.685,整化为三位数,根据上述法则,整化后的数值为 9.44 与 4.68。

⑤ 在加减运算中,各数值小数点后所取的位数,以其中小数点后位数最少者为准。例如:

$$56.38+17.889+21.6=56.4+17.9+21.6=95.9$$

⑥ 在乘除运算中,各数保留的有效数字,应以其中有效数字最少者为准。例如:

$$1.436\times0.020568\div85$$

其中 85 的有效数字最少,由于首位是 8,所以可以看成三位有效数字,其余两个数值,也应保留三位,最后结果也只保留三位有效数字。例如:

$$\frac{1.44\times0.0206}{85}=3.49\times10^{-4}$$

⑦ 在乘方或开方运算中,结果可多保留一位。

⑧ 对数运算时,对数中的首数不是有效数字,对数尾数的位数,应与各数值的有效数字相当。例如:

$$[H^+]=7.6\times10^{-4}$$
$$pH=3.12$$
$$K=3.4\times10^9$$
$$\lg K=9.53$$

⑨ 算式中,常数 π、e 及乘子 2 和某些取自手册的常数,如阿伏伽德罗常数、普朗克常数等,不受上述规则限制,其位数按实际需要取舍。

三、物理化学实验数据的记录和处理

物理化学实验数据的表示法主要有如下三种方法:列表法、作图法和数学方程式法。

1. 列表法

将实验数据列成表格,排列整齐,使人一目了然。这是数据处理中最简单的方法,列表时应注意以下几点。

① 表格要有名称。

② 每行(或列)的开头一栏都要列出物理量的名称和单位,并把二者表示为相除的形式。因为物理量的符号本身是带有单位的,除以它的单位,即等于表中的纯数字。

③ 数字要排列整齐，小数点要对齐，公共的乘方因子应写在开头一栏并为与物理量符号相乘的形式，且为异号。

④ 表格中表达的数据顺序为：由左到右，由自变量到因变量，可以将原始数据和处理结果列在同一表中，但应以一组数据为例，在表格下面列出算式，写出计算过程。

2. 作图法

作图法可更形象地表达出数据的特点，如极大值、极小值、拐点等，并可进一步用图解求积分、微分、外推、内插值。作图应注意如下几点。

① 图要有图名。例如"$\ln K_p$-$1/T$ 图""V-t 图"等。

② 要用正规坐标纸作图。

③ 在轴旁须注明变量的名称和单位（二者表示为相除的形式），10 的幂次以相乘的形式写在变量旁，并为异号。

④ 适当选择坐标比例，以表达出全部有效数字为准。如果作直线，应正确选择比例，使直线呈 45°倾斜为好。

⑤ 坐标原点不一定选在零，应使所作直线与曲线均匀地分布于图面中。在两条坐标轴上每隔 1cm 或 2cm 均匀地标上所代表的数值，而图中所描各点的具体坐标值不必标出。

⑥ 描点时，应用细铅笔将所描的点准确而清晰地标在其位置上，可用○、△、□、×等符号表示，符号总面积表示了实验数据误差的大小，所以不应超过 1mm 格。同一图中表示不同曲线时，要用不同的符号描点，以示区别。

⑦ 作曲线时，应尽量多地通过所描的点，但不要强行通过每一个点。对于不能通过的点，应使其等量地分布于曲线两边，且两边各点到曲线的距离的平方和要尽可能相等。描出的曲线应平滑均匀。

⑧ 图解微分　图解微分的关键是作曲线的切线，而后求出切线的斜率值，即图解微分值。作曲线的切线可用如下两种方法。

a. 镜像法　取一平面镜，使其垂直于图面，并通过曲线上待作切线的点 P（如图 1-1），然后让镜子绕 P 点转动，注意观察镜中曲线的影像，当镜子转到某一位置，使得曲线与其影像刚好平滑地连为一条曲线时，过 P 点沿镜子作一直线即为 P 点的法线，过 P 点再作法线的垂线，就是曲线上 P 点的切线。若无镜子，可用玻璃棒代替，方法相同。

b. 平行线段法　如图 1-2，在选择的曲线段上作两条平行线 AB 及 CD，然后连接 AB 和 CD 的中点 PQ 并延长相交曲线于 O 点，过 O 点作 AB、CD 的平行线 EF，则 EF 就是曲线上 O 点的切线。

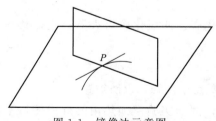

图 1-1　镜像法示意图

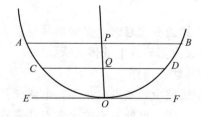

图 1-2　平行线段法示意图

3. 数学方程式法

将一组实验数据用数学方程式表达出来是最为精练的一种方法。它不但方式简单，而且便于进一步求解，如积分、微分、内插等。此法首先要找出变量之间的函数关系，然后将其线性化，进一步求出直线方程的系数斜率 m 和截距 b，即可写出方程式。也可将变量之间的关系直接写成多项式，通过计算机曲线拟合求出方程系数。

求直线方程系数一般有三种方法：图解法、平均法和最小二乘法。

四、物理化学实验室安全知识

在化学实验室里，安全是非常重要的，实验室里常常潜藏着诸如爆炸、着火、中毒、灼伤、割伤、触电等事故的危险性，如何来防止这些事故的发生以及万一发生又如何来急救，是每一个化学实验工作者必须具备的素质。这些内容在先行的化学实验课中均已反复地做了介绍。本节主要结合物理化学实验的特点介绍安全用电、使用化学药品的安全防护等知识。

1. 安全用电常识

违章用电常常可能造成人身伤亡、火灾、损坏仪器设备等严重事故。物理化学实验室使用电器较多，特别要注意安全用电。表 1-2 列出了 50Hz 交流电通过人体的反应情况。为了保障人身安全，一定要遵守实验室安全规则。

表 1-2 不同电流强度时的人体反应

电流强度	1～10V	10～25V	25～100V	100V 以上
人体反应	麻木感	肌肉强烈收缩	呼吸困难，甚至停止呼吸	心脏心室纤维性颤动，死亡

(1) 防止触电

① 不用潮湿的手接触电器。

② 电源裸露部分应有绝缘装置（例如电线接头处应裹上绝缘胶布）。

③ 所有电器的金属外壳都应保护接地。

④ 实验时，应先连接好电路后再接通电源。实验结束时，先切断电源再拆线路。

⑤ 修理或安装电器时，应先切断电源。

⑥ 不能用试电笔去试高压电。使用高压电源应有专门的防护措施。

⑦ 如有人触电，应迅速切断电源，然后进行抢救。

(2) 防止引起火灾

① 使用的保险丝要与实验室允许的用电量相符。

② 电线的安全通电量应大于用电功率。

③ 室内若有氢气、煤气等易燃易爆气体，应避免产生电火花。继电器工作和开关电闸时，易产生电火花，要特别小心。电器接触点（如电插头）接触不良时，应及时修理或更换。

④ 如遇电线起火，立即切断电源，用沙或二氧化碳、四氯化碳灭火器灭火，禁止用水或泡沫灭火器等导电液体灭火。

(3) 防止短路

① 线路中各接点应牢固，电路元件两端接头不要互相接触，以防短路。

② 电线、电器不要被水淋湿或浸在导电液体中，例如实验室加热用的灯泡接口不要浸在水中。

(4) 电器仪表的安全使用

① 在使用前，先了解电器仪表要求使用的电源是交流电还是直流电；是三相电还是单相电以及电压的大小（380V、220V、110V 或 6V）。须弄清电器功率是否符合要求及直流

电器仪表的正、负极。

② 仪表量程应大于待测量。若待测量大小不明时，应从最大量程开始测量。

③ 实验之前要检查线路连接是否正确。经教师检查同意后方可接通电源。

④ 在电器仪表使用过程中，如发现有不正常声响，局部温升或嗅到绝缘漆过热产生的焦味，应立即切断电源，并报告教师进行检查。

2. 使用化学药品的安全防护

（1）防毒

① 实验前，应了解所用药品的毒性及防护措施。

② 操作有毒气体（如 H_2S、Cl_2、Br_2、NO_2、浓 HCl 和 HF 等）应在通风橱内进行。

③ 苯、四氯化碳、乙醚、硝基苯等的蒸气会引起中毒。它们虽有特殊气味，但久嗅会使人嗅觉减弱，所以应在通风良好的情况下使用。

④ 有些药品（如苯、有机溶剂、汞等）能透过皮肤进入人体，应避免与皮肤接触。

⑤ 氰化物、高汞盐［$HgCl_2$、$Hg(NO_3)_2$ 等］、可溶性钡盐（$BaCl_2$）、重金属盐（如镉、铅盐）、三氧化二砷等剧毒药品，应妥善保管，使用时要特别小心。

⑥ 禁止在实验室内喝水、吃东西。饮食用具不要带进实验室，以防毒物污染，离开实验室及饭前要洗净双手。

（2）防爆

可燃气体与空气混合，当两者比例达到爆炸极限时，受到热源（如电火花）的诱发，就会引起爆炸。

① 使用可燃性气体时，要防止气体逸出，室内通风要良好。

② 操作大量可燃性气体时，严禁同时使用明火，还要防止发生电火花及其他撞击火花。

③ 有些药品如叠氮铝、乙炔银、乙炔铜、高氯酸盐、过氧化物等受震和受热都易引起爆炸，使用时要特别小心。

④ 严禁将强氧化剂和强还原剂放在一起。

⑤ 久藏的乙醚使用前应除去其中可能产生的过氧化物。

⑥ 进行容易引起爆炸的实验，应有防爆措施。

（3）防火

① 许多有机溶剂如乙醚、丙酮、乙醇、苯等非常容易燃烧，大量使用时室内不能有明火、电火花或静电放电。实验室内不可存放过多这类药品，用后还要及时回收处理，不可倒入下水道，以免聚集引起火灾。

② 有些物质如磷、金属钠、钾、电石及金属氢化物等，在空气中易氧化自燃。还有一些金属如铁、锌、铝等粉末，比表面大，也易在空气中氧化自燃。这些物质要隔绝空气保存，使用时要特别小心。

实验室如果着火不要惊慌，应根据情况进行灭火，常用的灭火剂有：水、沙、二氧化碳灭火器、四氯化碳灭火器、泡沫灭火器和干粉灭火器等。可根据起火的原因选择使用，以下几种情况不能用水灭火。

a. 金属钠、钾、镁、铝粉、电石、过氧化钠着火，应用干沙灭火。

b. 比水轻的易燃液体，如汽油、苯、丙酮等着火，可用泡沫灭火器。

c. 有灼烧的金属或熔融物的地方着火时，应用干沙或干粉灭火器。

d. 电器设备或带电系统着火，可用二氧化碳灭火器或四氯化碳灭火器。

（4）防灼伤

强酸、强碱、强氧化剂、溴、磷、钠、钾、苯酚、冰醋酸等都会腐蚀皮肤，特别要防止溅入眼内。液氧、液氮等低温也会严重灼伤皮肤，使用时要小心。万一灼伤，应及时治疗。

3. 汞的安全使用

汞中毒分急性和慢性两种。急性中毒多为高汞盐（如 $HgCl_2$）入口所致，0.1～0.3g 即可致死。吸入汞蒸气会引起慢性中毒，症状有：食欲不振、恶心、便秘、贫血、骨骼和关节疼、神经衰弱等。汞蒸气的最大安全浓度为 $0.1mg \cdot m^{-3}$，而 20℃ 时汞的饱和蒸气压为 0.0012mmHg（1mmHg=133.322Pa，下同），超过安全浓度 100 倍。所以使用汞必须严格遵守安全用汞操作规定。

① 不要让汞直接暴露于空气中，盛汞的容器应在汞面上加盖一层水。
② 装汞的仪器下面一律放置浅瓷盘，防止汞滴散落到桌面上和地面上。
③ 一切转移汞的操作，也应在浅瓷盘内进行（盘内装水）。
④ 实验前要检查装汞的仪器是否放置稳固。橡皮管或塑料管连接处要缚牢。
⑤ 储汞容器要用厚壁玻璃器皿或瓷器。用烧杯暂时盛汞，不可多装以防破裂。
⑥ 若有汞掉落在桌上或地面上，先用吸汞管尽可能将汞珠收集起来，然后用硫黄盖在汞溅落的地方，并摩擦使之生成 HgS。也可用 $KMnO_4$ 溶液使其氧化。
⑦ 擦过汞或汞齐的滤纸或布必须放在有水的瓷缸内。
⑧ 盛汞器皿和有汞的仪器应远离热源，严禁把有汞仪器放进烘箱。
⑨ 使用汞的实验室应有良好的通风设备，纯化汞应有专用的实验室。
⑩ 手上若有伤口，切勿接触汞。

4. 高压钢瓶的使用及注意事项

（1）气体钢瓶的颜色标记

见表 1-3。

表 1-3 我国气体钢瓶常用的标记

气体类别	瓶身颜色	标字颜色	气体类别	瓶身颜色	标字颜色
氮气	黑	黄	液氨	黄	黑
氧气	天蓝	黑	氯	草绿	白
氢气	深蓝	红	乙炔	白	红
压缩空气	黑	白	石油气体	灰	红
二氧化碳	黑	黄	纯氩气体	灰	绿
氮	棕	白			

（2）气体钢瓶的使用

① 在钢瓶上装上配套的减压阀。检查减压阀是否关紧，方法是逆时针旋转调压手柄至螺杆松动为止。
② 打开钢瓶总阀门，此时高压表显示出瓶内储气总压力。
③ 慢慢地顺时针转动调压手柄，至低压表显示出实验所需压力为止。
④ 停止使用时，先关闭总阀门，待减压阀中余气逸尽后，再关闭减压阀。

（3）注意事项

① 钢瓶应存放在阴凉、干燥、远离热源的地方。可燃性气瓶应与氧气瓶分开存放。
② 搬运钢瓶要小心轻放，钢瓶帽要旋上。

③ 使用时应装减压阀和压力表。可燃性气瓶（如 H_2、C_2H_2）气门螺丝为反丝；不燃性或助燃性气瓶（如 N_2、O_2）为正丝。各种压力表一般不可混用。

④ 不要让油或易燃有机物沾染气瓶（特别是气瓶出口和压力表上）。

⑤ 开启总阀门时，不要将头或身体正对总阀门，防止万一阀门或压力表冲出伤人。

⑥ 不可把气瓶内气体用光，以防重新充气时发生危险。

⑦ 使用中的气瓶每三年应检查一次，装腐蚀性气体的钢瓶每两年检查一次，不合格的气瓶不可继续使用。

⑧ 氢气瓶应放在远离实验室的专用小屋内，用紫铜管引入实验室，并安装防止回火的装置。

第二章 实 验 部 分

实验一　恒温槽性能测试及液体黏度测定

【目的要求】
1. 了解恒温槽的构造及恒温原理，掌握恒温调节方法。
2. 绘制恒温槽的灵敏度曲线（温度-时间曲线），学会分析恒温槽的性能。
3. 掌握在恒温下用奥氏黏度计测定乙醇黏度的方法。

【预习要求】
1. 了解温度的一般测量原理和方法。
2. 了解电接点温度计、数字贝克曼温度计的使用方法及注意事项。
3. 掌握奥氏黏度计测量液体黏度的原理和方法。

【实验原理】
1. 恒温槽的结构和工作原理

物质的物理化学性质，如黏度、密度、蒸气压、表面张力、折射率等都随温度而改变，要测定这些性质，必须在恒温条件下进行。一些物理化学常数如平衡常数、化学反应速率常数等也与温度有关，这些常数的测定也需恒温，因此，掌握恒温技术非常必要。

恒温控制可分为两类，一类是利用物质的相变点温度来获得恒温，但温度的选择受到很大限制；另外一类是利用电子调节系统进行温度控制，此方法控温范围宽，可以任意调节设定温度。

恒温槽是实验工作中常用的一种以液体为介质的恒温装置（如图 2-1），根据温度控制

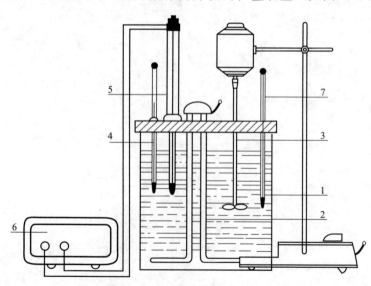

图 2-1　恒温槽装置示意图

1—浴槽；2—加热器；3—搅拌器；4—温度计；5—电接点温度计；6—继电器；7—贝克曼温度计

范围，可用以下液体介质：—60～30℃用乙醇或乙醇水溶液；0～90℃用水；80～160℃用甘油或甘油水溶液；170～300℃用液体石蜡、汽缸润滑油、硅油。

恒温槽是由浴槽、电接点温度计、继电器、加热器、搅拌器和温度计组成，具体装置示意图见图 2-1。继电器必须和电接点温度计、加热器配套使用。电接点温度计是一支可以导电的特殊温度计（图 2-2），又称为接触温度计。它有两个电极，一个固定与底部的水银球相连，另一个可调电极 D 是金属丝，由上部伸入毛细管内。顶端有一磁铁，可以旋转螺旋丝杆，用以调节金属丝的高低位置，从而调节设定温度。当温度升高时，毛细管中水银柱上升与一金属丝接触，两电极导通，使继电器线圈中电流断开，加热器停止加热；当温度降低时，水银柱与金属丝断开，继电器线圈通过电流，使加热器线路接通，温度又回升。如此，不断反复，使恒温槽控制在一个微小的温度区间波动，被测体系的温度也就限制在一个相应的微小区间内，从而达到恒温的目的。

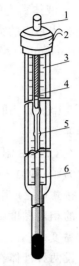

图 2-2 电接点温度计

1—磁性螺旋调节器；
2—电极引出线；
3—上标尺；4—指示螺母；5—可调电极；6—下标尺

恒温槽的温度控制装置属于"通""断"类型，当加热器接通后，恒温介质温度上升，热量的传递使水银温度计中的水银柱上升。但热量的传递需要时间，因此常出现温度传递的滞后，往往是加热器附近介质的温度超过设定温度，所以恒温槽的温度超过设定温度。同理，降温时也会出现滞后现象。由此可知，恒温槽控制的温度有一个波动范围，并不是控制在某一固定不变的温度。

控温效果可以用灵敏度 ΔT 表示：

$$\Delta T = \pm (T_1 - T_2)/2 \tag{2-1}$$

式中，T_1 为恒温过程中水浴的最高温度；T_2 为恒温过程中水浴的最低温度。由图 2-3 可以看出：曲线图 2-3(a) 表示恒温槽灵敏度较高；图 2-3(b) 表示恒温槽灵敏度较差；图 2-3(c) 表示加热器功率太大；图 2-3(d) 表示加热器功率太小或散热太快。

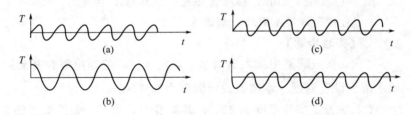

图 2-3 控温灵敏度曲线

影响恒温槽灵敏度的因素很多，大体有：
① 恒温介质流动性好，传热性能好，控温灵敏度就高；
② 加热器功率要适宜，热容量要小，控温灵敏度就高；
③ 搅拌器搅拌速度要足够大，才能保证恒温槽内温度均匀；
④ 继电器电磁吸引电键，后者发生机械作用的时间愈短，断电时线圈中的铁芯剩磁愈小，控温灵敏度愈高；
⑤ 电接点温度计热容小，对温度的变化敏感，则灵敏度高；
⑥ 环境温度与设定温度的差值越小，控温效果越好。

2. 液体黏度的测定

液体黏度的大小一般用黏度系数（η）表示。如果液体在毛细管中流动，则可通过泊肃叶（Poiseuille）公式计算黏度系数（简称黏度）。

$$\eta=\frac{\pi r^4 pt}{8VL} \tag{2-2}$$

式中，V 为时间 t 内流过毛细管的液体体积；p 为管两端的压力差；r 为管半径；L 为管长度。

在 C.G.S 制中，黏度的单位为泊（达因·秒·厘米$^{-2}$）；在国际单位（SI）制中，黏度的单位为帕·秒。$1P=0.1Pa·s$。

按式(2-2)用实验来测定液体的绝对黏度是非常困难的，但是测定液体对标准液体（如水）的相对黏度则是简单和适应的。在已知标准液体的绝对黏度时，可以计算出被测液体的绝对黏度。

设两种液体在本身重力作用下分别流经同一毛细管，且流出的体积相等，则：

$$\eta_1=\frac{\pi r^4 p_1 t_1}{8VL}, \quad \eta_2=\frac{\pi r^4 p_2 t_2}{8VL}$$

从而

$$\frac{\eta_1}{\eta_2}=\frac{p_1 t_1}{p_2 t_2} \tag{2-3}$$

式中，$p=\rho g h$；ρ 为液体密度；g 为重力加速度；h 为推动液体流动的液位差。如果每次取用试样的体积一定，则可保持在实验中的情况相同。因此

$$\frac{\eta_1}{\eta_2}=\frac{\rho_1 t_1}{\rho_2 t_2} \tag{2-4}$$

标准液体的黏度已知，则被测液体的黏度可按式(2-4)算得。

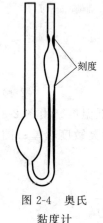

图 2-4 奥氏黏度计

【仪器和试剂】

玻璃缸恒温槽1套；数字贝克曼温度计1台；秒表1个；奥氏黏度计（图2-4）1支；10mL 移液管2支；洗耳球1个。

无水乙醇（A.R.）；蒸馏水。

【实验步骤】

1. 在玻璃缸中加入蒸馏水至规定水位，接通电源，开启搅拌器。

2. 调节恒温水浴至设定温度（本实验设定温度为30℃和35℃）。

假定室温为20℃，欲设定实验温度为25℃，其调节方法如下：先使温度低于设定实验温度 2~3℃（如23℃），开启加热开关加热，如水温与实验温度相差较大，可先用大功率加热，当水温达到23℃左右时（恒温指示灯亮灭），此时要用小功率加热，直到温度达到25℃为止。

3. 恒温槽灵敏度测试。恒温槽已调节到指定温度后（控制器指示灯自动交替出现），观察数字贝克曼温度计示值，开启秒表每隔30s记一次温度数值，每个实验温度连续测40min、80个数据。按式(2-1)计算恒温槽灵敏度。

4. 液体黏度测定。用移液管取10mL乙醇放入已干燥过的奥氏黏度计中，将黏度计垂直浸入恒温槽中，奥氏黏度计的上刻度线应浸没在恒温槽液面之下，恒温10min，用洗耳球吸起液体超过上刻度线（注意用洗耳球吸液体时，不可吸得太猛，不要有气泡产生，不要将液体吸入皮管），然后放开洗耳球，用秒表记录液面自上刻度降至下刻度所经历的时间。再

吸起液体，重复测定 3 次，取其平均值。乙醇测完后，将其从黏度计内倒入废液回收瓶，烘干奥氏黏度计，取 10mL 蒸馏水放入黏度计中，黏度计垂直浸入恒温槽中，恒温 10min，按上述方法测试。

【数据记录和处理】

见表 2-1、表 2-2。

室温：_____℃；大气压：_____kPa；实验日期：_____；仪器名称型号：_____

表 2-1 恒温槽灵敏度测试数据记录 实验温度：_____℃

t/min	
T/℃	

表 2-2 乙醇黏度测定数据记录

实验温度下水的密度：_____ 乙醇的密度：_____ 水的黏度：_____

恒温槽温度观测			液体黏度测定		
观察项目	最高温度/℃	最低温度/℃	液体名称	水	乙醇
温度观测值			流经毛细管时间/s		
平均值			平均值		
温度波动值			黏度		

1. 将时间、温度读数列出表格，用坐标纸以时间为横坐标，温度为纵坐标，绘制出各实验温度时的温度-时间曲线（也可使用计算机程序处理数据，如 Excel、Origin），并求出恒温槽的灵敏度。

2. 列出黏度计算过程，并将乙醇黏度的计算结果填入记录表格中。

【思考与讨论】

1. 恒温槽的主要组成部分有哪些？
2. 影响恒温槽灵敏度的因素有哪些？如何提高恒温槽的灵敏度？
3. 用奥氏黏度计测定黏度时，加入基准物和被测物的体积为什么要相同？
4. 为什么测黏度时要保持温度恒定？

实验二　燃烧热的测定

【目的要求】

1. 通过测定萘的燃烧热，掌握有关热化学实验的一般知识和技术。
2. 掌握氧弹式量热计的原理、构造和使用方法。
3. 掌握高压钢瓶的有关知识并能正确使用。

【预习要求】

1. 明确燃烧热的定义。
2. 了解氧弹式量热计的基本原理和使用方法。
3. 学习用雷诺校正图校正温差。
4. 了解氧气钢瓶和减压阀的使用方法。

【实验原理】

有机物的燃烧焓是指 1mol 的有机物在指定温度和压力下完全燃烧成指定产物所放出的

热量，记作 $\Delta_c H_m$，通常称为燃烧热。燃烧产物指该化合物中的 C 变为 $CO_2(g)$，H 变为 $H_2O(l)$，S 变为 $SO_2(g)$，N 变为 $N_2(g)$，Cl 变为 $HCl(aq)$，金属都成为游离状态。

燃烧热的测定，除了有其实际应用价值外，还可用来求算化合物的生成热、化学反应的反应热和键能等。

量热法是热力学的一个基本实验方法。热量有 Q_p 和 Q_V 之分。用氧弹量热计测得的是恒容燃烧热 Q_V；从手册上查到的燃烧热数值都是在 298.15K、101.325kPa 条件下，即标准摩尔燃烧焓，属于恒压燃烧热 Q_p。由热力学第一定律可知，$Q_V = \Delta U$；$Q_p = \Delta H$。若把参加反应的气体和反应生成的气体都作为理想气体处理，根据热力学推导，$\Delta_c H_m$ 和 $\Delta_c U_m$ 的关系为：

$$\Delta_c H_m = \Delta_c U_m + RT \sum_B \nu_B(g) \tag{2-5}$$

式中，T 为反应温度，K；$\Delta_c H_m$ 为摩尔燃烧焓，$J \cdot mol^{-1}$；$\Delta_c U_m$ 为摩尔燃烧内能变，$J \cdot mol^{-1}$；$\nu_B(g)$ 为燃烧反应方程中各气体物质的化学计量数。产物取正值，反应物取负值。

通过实验测得 Q_V 值，根据下式就可计算出 Q_p，即燃烧焓的值 $\Delta_c H_m$。

$$Q_p = Q_V + \Delta n RT \tag{2-6}$$

测量热效应的仪器称作量热计，量热计的种类很多，本实验是用氧弹式量热计进行萘的燃烧焓的测定。

在适当的条件下，许多有机物都能迅速而完全地进行氧化反应，这就为准确测定它们的燃烧热创造了有利条件。

为了使被测物质能迅速而完全地燃烧，就需要有强有力的氧化剂。在实验中经常使用压力为 16~18atm（1atm=101325Pa，下同）的氧气作为氧化剂。

在盛有水的容器中放入装有 $m(g)$ 样品和氧气的密闭氧弹，使样品完全燃烧，放出的热量引起体系温度的上升，根据热平衡关系，可由下式求得 Q_V：

$$|Q_V| = \frac{M}{m} C (T_\text{终} - T_\text{始}) \tag{2-7}$$

式中，M 是样品的摩尔质量，$g \cdot mol^{-1}$；C 为样品燃烧放热时水和仪器每升高 1℃ 所需要的热量，称为水当量，$J \cdot K^{-1}$。水当量的求法是用已知燃烧热的物质（本实验用苯甲酸）放在量热计中，测定 $T_\text{始}$ 和 $T_\text{终}$，标定量热体系的水当量。然后再用相同方法对萘进行测定，即可求得萘的燃烧热。

用氧弹量热计进行实验时，氧弹放置在装有一定量水的容器中，容器外是空气隔热层，再外面是温度恒定的水夹套。样品在体积固定的氧弹中燃烧放出的热 Q_V、引火丝燃烧放出的热和由氧气中微量的氮气氧化成硝酸的生成热，大部分被水桶中的水吸收；另一部分则被氧弹、水桶、搅拌器及温度计等所吸收。在量热计与环境没有热交换的情况下，可以写出如下的热量平衡公式：

$$-Q_V m - qb + 5.98c = Wh\Delta t + C_\text{总}\Delta t \tag{2-8}$$

式中，Q_V 为被测物质的定容燃烧热，$J \cdot g^{-1}$；m 为被测物质的质量，g；q 为引火丝的燃烧热，$J \cdot g^{-1}$；b 为烧掉了的引火丝质量，g；5.98 为硝酸生成热，为 $-59800 J \cdot mol^{-1}$，当用 $0.100 mol \cdot L^{-1}$ NaOH 来滴定生成的硝酸时，每毫升碱相当于 $-5.98J$；c 为滴定生成的硝酸时，耗用 $0.100 mol \cdot L^{-1}$ NaOH 的体积，mL；W 为水桶中的水的质量，g；h 为水的比热容，$J \cdot g^{-1} \cdot ℃^{-1}$；$C_\text{总}$ 为氧弹、水桶等的总热容，$J \cdot ℃^{-1}$；Δt 为与环境无热交换时的真实温差。

如在实验时保持水桶中水量一定，把式（2-8）右端常数合并得到下式：
$$-Q_V m - qb + 5.98c = K\Delta t \tag{2-9}$$

式中，$K = Wh + C_总$，$J \cdot ℃^{-1}$，称为量热计热容（量热计的水当量）。

实际上，氧弹式量热计不是严格的绝热系统，加之由于传热速度的限制，燃烧后由最低温度达最高温度需一定的时间，在这段时间里系统与环境难免发生热交换，因而从温度计上读得的温差就不是真实的温差。为此，必须对读得的温差进行校正。

从式(2-9)可知，要测得样品的 Q_V，必须知道仪器的水当量 K。测量的方法是以一定量的已知燃烧热的标准物质（常用苯甲酸，其燃烧热以标准试剂瓶上所标明的数值为准）在相同的条件下进行实验，由标准物质测定仪器的水当量 K，再测定样品的 Q_V，从而计算相应的 Q_p。

【仪器和试剂】

SHR-15 燃烧热实验装置 1 套；氧气钢瓶 1 个；氧气减压阀 1 个；电子天平 1 台；压片机 1 台；燃烧丝；容量瓶（1000mL）1 个。

苯甲酸（A.R.）；萘（A.R.）。

【实验步骤】

1. 测定量热计的水当量

开启仪器的电源开关，进行预热。

（1）样品压片　用台秤预称取 0.7～0.8g 的苯甲酸，在压片机上压成片状。样片压得太紧，点火时不易全部燃烧；压得太松，样品容易脱落。将压片制成的样品放在干净的滤纸上，小心除掉有污染和易脱落部分，然后在分析天平上精确称量。

（2）氧弹安装　如图 2-5。

① 取一根燃烧丝，称重后在直径约 3mm 的玻璃棒上，将其中段绕成螺旋形 5～6 圈。

② 将氧弹盖取下放在专用的弹头座上，用滤纸擦净电极及不锈钢坩埚。先放好坩埚，然后用镊子将样品放在坩埚正中央。将准备好的燃烧丝两端固定在电极上，并将螺旋部分紧贴在样品的上表面（注意燃烧丝与坩埚壁不得相碰）。在弹杯中注入 10mL 蒸馏水，然后小心旋紧氧弹盖。

③ 氧弹充氧　将充氧器阀口接在氧弹顶部的进气口上，按下充气手柄（一定要按紧，使充氧器阀口紧紧扣住进气阀）。

a. 充氧　先逆时针方向慢慢开启氧气钢瓶上总气阀（切记最多转半圈），再顺时针方向小心开启氧气减压阀，先充约 0.5MPa 氧气，然后放气以赶出氧弹中的空气，再充入 1MPa 氧气（充氧器上的氧气分压表指示压力为 1.0MPa 且 30s 不变）。

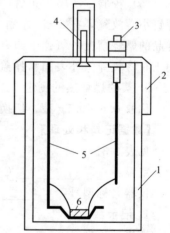

图 2-5　氧弹结构示意图
1—厚壁圆筒；2—氧弹盖螺帽；
3—进气孔；4—排气孔；
5—电极；6—样品室

b. 拆除充氧　先顺时针关闭氧气钢瓶总开关，并拧松减压阀。最后快速上拉充气手柄，使充氧器与氧弹之间的气路断开。充氧完毕（若充气成功，可听到短促的放气声）。

充氧完毕后将氧弹置于量热器内筒的支架上。

（3）安装量热计　将传感器插入外筒加水口测量外筒水温。再取适量自来水，调节水温使其低于外筒水温 1℃ 左右。用容量瓶精取 3000mL 已调温好的水小心注入内筒，水面刚好盖过氧弹嘴。如氧弹有气泡逸出，说明氧弹漏气，需找出原因并排除。将电极 1 接入氧弹嘴

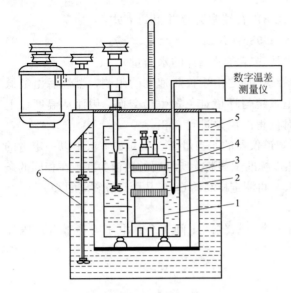

图 2-6 环境恒温式氧弹量热计装置
1—弹头；2—数字温度计；3—内桶；
4—空气夹层；5—外桶；6—搅拌

拧紧，电极 2 插入电极插孔。此时点火指示灯亮。盖上内筒盖，注意调整好搅拌器不要与弹头相碰。将传感器插入内筒传感器插孔 (图 2-6)。

(4) 数据测量　打开电脑，启动程序。选择"实验装置"-"量热计 1/2"，设置串行口、坐标系和采样时间。开启搅拌开关，搅拌指示灯亮。待温度基本稳定后，按"采零"键后再按"锁定"键。待温度稳定后，开始实验 (点击"操作"-"开始绘图")。每隔 1min 记录温差值一次，连续记录 10 次。开始点火 (电脑点火)，每 15s 记录一次，约记录 6~8 次，水温明显上升 (注意：水温若无上升，说明点火失败，应关闭电源开关，取出氧弹，放出氧气后，仔细检查燃烧丝及连接线，找出原因并排除)。继续每 30s 记录一次温度，温度升至最高点后，再记录 10 次，停止实验 (点击"操作"-"停止绘图")。

(5) 校验　实验停止后，关闭电源，将传感器放入外筒。从量热计中取出氧弹，用放气螺钉小心放气，在 5min 左右放尽气体，拧开并取下氧弹盖，测量燃烧后残丝的长度并检查样品的燃烧情况。氧弹中如有烟黑或未燃尽的试样残余，实验失败，应重做。实验结束后，用干布将氧弹内外表面和弹盖擦净，最好用热风将弹盖及零件吹干或风干。

2. 萘的燃烧热的测定

称取 0.6~0.7g 萘，切换到待测物曲线窗口，用同样的方法进行测定。

【数据记录和处理】

见表 2-3。

室温：_____℃；大气压：_____kPa；实验日期：_____；
仪器名称型号：_____。

1. 记录数据

燃烧丝长度_____mm；棉线质量_____g；苯甲酸样品质量_____g；剩余燃烧丝长度_____mm；水温_____℃。

燃烧丝长度_____mm；棉线质量_____g；萘样品质量_____g；剩余燃烧丝长度_____mm；水温_____℃。

表 2-3 燃烧热实验数据记录表

苯甲酸					
反应前期(1 次/min)		反应中期(1 次/15s)		反应后期(1 次/30s)	
时间	温度	时间	温度	时间	温度
1		1		1	
2		2		2	
3		3		3	
				16	
				17	
				18	

续表

苯甲酸							
反应前期(1次/min)		反应中期(1次/15s)		反应后期(1次/30s)			
时间	温度	时间	温度	时间	温度	时间	温度
4		4		4		19	
5		5		5		20	
6		6		6		21	
7		7		7		22	
8		8		8		23	
9				9		24	
10				10		25	
				11		26	
				12		27	
				13		28	
				14		29	
				15		30	

萘							
反应前期(1次/min)		反应中期(1次/15s)		反应后期(1次/30s)			
时间	温度	时间	温度	时间	温度	时间	温度
1		1		1		16	
2		2		2		17	
3		3		3		18	
4		4		4		19	
5		5		5		20	
6		6		6		21	
7		7		7		22	
8		8		8		23	
9				9		24	
10				10		25	
				11		26	
				12		27	
				13		28	
				14		29	
				15		30	

2. 由实验数据分别求出苯甲酸、萘燃烧前后的 $T_{始}$ 和 $T_{终}$。

3. 由苯甲酸数据求出水当量 K。

4. 求出萘的燃烧热 Q_V，换算成 Q_p。

5. 将所测萘的燃烧热值与文献值比较，求出误差，分析误差产生的原因。

【注意事项】

1. 试样在氧弹中燃烧产生的压力可达 14MPa。因此在使用后应将氧弹内部擦干净，以免引起弹壁腐蚀，减少其强度。

2. 氧弹、量热容器、搅拌器在使用完毕后，应用干布擦去水迹，保持表面清洁干燥。

3. 氧气遇油脂会爆炸。因此氧气减压器、氧弹以及氧气通过的各个部件，各连接部分不允许有油污，更不允许使用润滑油。如发现油垢，应用乙醚或其他有机溶剂清洗干净。

4. 坩埚在每次使用后，必须清洗和除去炭化物，并用纱布清除黏着的污点。

【实验讨论】

1. 环境恒温式量热计由雷诺曲线求得 ΔT 的方法如图 2-7、图 2-8 所示。详细步骤如下。

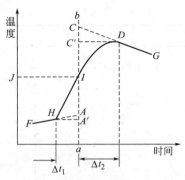
图 2-7　绝热较差时的雷诺校正图

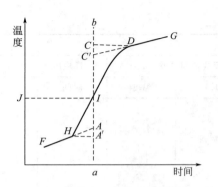
图 2-8　绝热良好时的雷诺校正图

将样品燃烧前后历次观察的水温对时间作图，联成 $FHIDG$ 折线，其中 H 点意味着燃烧开始，热传入介质；D 点为观察到的最高温度值；从相当于室温的 J 点作水平线交曲线与 I，过 I 点作垂线 ab，再将 FH 线和 GD 线延长并交 ab 线于 A、C 两点，其间的温度差值即为经过校正的 ΔT。图中 AA' 为开始燃烧到温度上升至室温这一段时间 Δt_1 内，由环境辐射和搅拌引进的能量所造成的升温，故应予扣除。CC' 为由室温升到最高点 D 这一段时间 Δt_2 内，量热计向环境的热漏造成的温度降低，计算时必须考虑在内，故可认为，AC 两点的差值较客观地表示了样品燃烧引起的升温数值。

在某些情况下，量热计的绝热性能良好，热漏很小，而搅拌器功率较大，不断引进的能量使得曲线不出现极高温度点。校正方法相似。

2. 在燃烧过程中，当氧弹内存在微量空气时，N_2 的氧化会产生热效应，在精确的实验中，这部分热效应应予校正，方法如下：用 $0.1 mol \cdot L^{-1}$ NaOH 溶液滴定洗涤氧弹内壁的蒸馏水，每毫升 $0.1 mol \cdot L^{-1}$ NaOH 溶液相当于 5.983J（放热）。

【思考题】
1. 固体样品为什么要压成片状？如何测定液体样品的燃烧热？
2. 根据误差分析，指出本实验的最大测量误差所在。提高本实验的准确度应该从哪些方面考虑？
3. 如何用萘的燃烧热数据来计算萘的标准生成热？
4. 在氧弹里加 10mL 蒸馏水起什么作用？
5. 在环境恒温式量热计中，为什么内筒水温要比外筒水温低？低多少合适？

【附】文献值
火丝燃烧热：镍铬丝为 $-3242 J \cdot g^{-1}$ 或 $1.4 J \cdot cm^{-1}$；铁丝为 $-6694 J \cdot g^{-1}$ 或 $2.9 J \cdot cm^{-1}$。
苯甲酸和萘的恒压燃烧热见表 2-4。

表 2-4　苯甲酸和萘的恒压燃烧热

恒压燃烧热	$kJ \cdot mol^{-1}$	$J \cdot g^{-1}$	测定条件
苯甲酸	-3226.9	-26410	p, 20℃
萘	-5153.8	-40205	p, 20℃

实验三　溶解热的测定

【目的要求】
1. 掌握溶解热的测定方法。

2. 学习量热计的使用方法。

【预习要求】

1. 了解溶解热测定的基本原理。
2. 掌握溶解热的测量和计算方法。

【实验原理】

一定量的溶质溶解时产生的热效应与温度、压力和溶剂量有关,它随溶剂量的增加而增加,逐渐趋近一常数。在25℃、1atm、1mol 物质形成无限稀溶液时所产生的热效应叫摩尔溶解热。溶解终了时正好形成饱和溶液,则应注明"饱和溶液"溶解热。通常盐类在水中溶解的摩尔比达1∶300时,溶解热即趋于极值。盐在水中溶解的过程可分为两步,即晶格的破坏和离子的溶剂化。前者为吸热过程;后者为放热过程。总的能量得失决定溶解过程是吸热还是放热。即决定 ΔH 是正值还是负值。

在计算溶液中进行的反应的热效应时,各反应物和产物的溶解热同燃烧热、生成热一样,也是必要的热化学根据。

当实验在定压下,只做膨胀功的绝热体系中进行时,体系的总焓保持不变,根据热平衡原理,即可计算过程所涉及的热效应。

把保温瓶做成的量热计看成绝热体系,当把某种盐溶于瓶内一定量的水中时,可列出如下的热平衡式:

$$\Delta H_{溶解} = -(m_{水} C_1 + mC_2 + K) \frac{\Delta t M}{1 \text{g}}$$

式中 $\Delta H_{溶解}$ ——盐在溶液温度和浓度下的积分溶解热;

$m_{水}$——水的质量,g;

C_1——水的比热容,cal·g^{-1}·℃$^{-1}$❶;

m——溶质质量,g;

C_2——溶质的比热容,cal·g^{-1}·℃$^{-1}$;

M——溶质的摩尔质量;

Δt——溶解过程的真实温差;

K——量热计的热容。

实验测得 $m_{水}$、m、Δt、K 后即可按上式算出溶解热 ΔH。

方法 I

【仪器和试剂】

SWC-RJ 型溶解热测定装置1套;称量瓶(20mm×40mm)8个;称量瓶(35mm×70mm)1个;停表1块;毛笔1支。

硝酸钾(A. R.)。

【实验步骤】

1. 硝酸钾26g(已进行研磨和烘干处理),放入干燥器中。
2. 将8个称量瓶编号。在台秤上称量,依次加入约2.5g、1.5g、2.5g、3.0g、3.5g、4.0g、4.0g 和4.5g 的硝酸钾,再用分析天平称出准确数据,把称量瓶依次放入干燥器中待用。
3. 在台秤上称取216.2g 蒸馏水于杜瓦瓶内,按图2-9接妥线路。

---

❶ 1cal=4.1840J,下同。

4. 经教师检查后打开温差报警仪电源，把热敏电阻探头置于室温下数分钟，按下测温挡开关，再按设定挡开关，把指针调至 0.5（红色刻度）处，按下报警开关。把探头放入杜瓦瓶中，注意勿与搅拌磁子接触。

5. 开启磁力搅拌器电源（注意不要开启加热旋钮）。调节搅拌磁子的转速。打开稳流电源开关，调节 $IU=2.3$ 左右，并保持电流、电压稳定。当水温升至比室温高出 0.5K 时（表头指针逐渐由 0.5→0 靠近），当表头指针指零时，报警仪报警，立即按动秒表开始计时，随即从加料口加入第一份样品，并用毛笔将残留在漏斗上的少量样品全部扫入杜瓦瓶中，用塞子塞住加料口。加入样品后，溶液温度很快下降，报警仪停止报警（此时指针又开始偏离零处），温度又慢慢上升（指针又接近零处），待升至起始温度时，报警仪又开始报警，即记下时间（准确至 0.5s，切勿按停秒表）。接着加入第二份样品，如上述继续测定，直至八份样品全部测定完毕。

【数据记录和处理】

室温：_____℃；大气压：_____kPa；实验日期：_____；
仪器名称型号：_____。
实验结果记录的内容设计见表 2-5。

表 2-5　溶解热实验记录表（1）

次数	1	2	3	4	5	6	7	8
KNO₃ 的累计质量								
累计通电时间								

1. 根据水的质量和硝酸钾每次的累计质量，按下式计算 n_0：

$$n_0 = \frac{n_{水}}{n_{硝酸钾}} = \frac{m_{水} M_{硝酸钾}}{m_{硝酸钾} M_{水}}$$

2. 根据硝酸钾的累计质量和累计通电时间按下式计算积分溶解热 Q_s：

$$Q_s = \frac{UIt}{n_{硝酸钾}}$$

3. 作 $Q_s\text{-}n_0$ 图，并由图中求出 n_0 为 80、100、200、300、400 时的积分溶解热。

方法 II

【仪器和试剂】

1000mL 广口保温瓶 1 个；贝克曼温度计 1 支；玻璃搅拌器 1 支；100mL 移液管 1 支；电吹风 1 个。

氯化钾（A.R.）；氯化铵（A.R.）；乙醇（A.R.）。

【实验步骤】

1. 量热计热容的测定

（1）本实验采用已知氯化钾在水中的溶解热来标定量热计热容（不同温度下 1mol 氯化钾溶于 200mol 水中的积分溶解热，表 2-6）。将干净的保温瓶、温度计及搅拌器按图 2-9 装好，用移液管量取 100mL 蒸馏水，经小漏斗注入瓶内，塞好小孔，准确测定水的温度（每隔 30s 读数一次，共读 8 次），打开塞子迅速将已称好

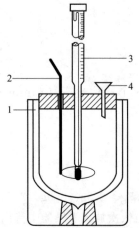

图 2-9　溶解热测定装置
1—杜瓦瓶；2—搅拌器；
3—贝克曼温度计；4—小漏斗

的 KCl（6.00g）倒入量热计内盖好塞子，立即搅拌，继续每隔 30s 读一次温度，至温度不再下降，再读 8 次即可停止。

表 2-6　不同温度下 1mol 氯化钾溶于 200mol 水中的溶解热

温度/℃	溶解热/cal	温度/℃	溶解热/cal	温度/℃	溶解热/cal	温度/℃	溶解热/cal
10	4775	15	4565	20	4373	25	4009
11	4731	16	4525	21	4337	26	4162
12	4690	17	4485	22	4301	27	4128
13	4648	18	4446	23	4266	28	4096
14	4607	19	4408	24	4231	29	4064

（2）倾去保温瓶内的水，用少许酒精洗两次（包括温度计、搅拌器），用冷风吹干。重复上述操作，取两次接近的数据。

2. 氯化铵溶解热的测定

（1）用移液管量取 400mL 蒸馏水，经塞子上小孔注入保温瓶内，塞好小孔，准确测定水的温度（每隔 30s 读数一次，共读 8 次），打开塞子迅速将已称好的氯化铵（3.00g）倒入量热计内，盖好塞子立即搅拌，继续每隔 30s 读一次温度，至温度不再下降，再读 8 次即可停止。

（2）重复上次测定，取两次接近数据。

【数据记录和处理】

见表 2-7、表 2-8。

室温：＿＿＿＿＿＿℃；大气压：＿＿＿＿＿＿kPa；实验日期：＿＿＿＿＿＿；
仪器名称型号：＿＿＿＿＿＿。

1. 实验结果记录的内容设计见表 2-7、表 2-8。

表 2-7　溶解热实验记录表（2）

温度/℃ \ 次数	1	2	3	4	5	6	7	8
1　水温 　　KCl 温度								
2　水温 　　NH_4Cl 温度								

表 2-8　溶解热实验记录表（3）

项目	量热计热容测量	氯化铵溶解热测定
水的体积/mL		
溶质(KCl)质量/g		(NH_4Cl)
真实温差 Δt/℃		
溶液温度/℃		
溶质(KCl)比热容/cal·(g·℃)$^{-1}$		(NH_4Cl)
水的比热容/cal·(g·℃)$^{-1}$		
量热计热容/cal·℃$^{-1}$		
氯化铵溶解热		

2. 计算量热计热容。

3. 计算氯化铵在溶液温度下的溶解热。

【思考与讨论】

1. 分析测量中影响实验结果的因素有哪些?
2. 为什么要测定量热计的热容?
3. 温度和浓度对溶解热有什么影响?

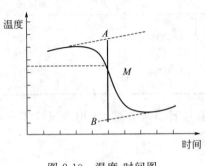

图 2-10 温度-时间图
每格代表 30s

【实验讨论】

真实温差的求法：由于保温瓶不是严格的绝热体系，因此溶质溶解过程中体系与环境仍有微小的热交换。为了消除热交换的影响，得到没有热交换的真实温差 Δt，采用作图外推法。即根据实验数据先作出温度-时间曲线，认为溶解是在相当于盐溶解前后的平均温度即一瞬间完成的。过此平均温度作一水平线与曲线交于 M，过 M 点作一垂线，与上下两段温度读数的延长线交于 A、B 两点。相应 Δt 即为所求的真实温差（图 2-10）。

【附】

氯化钾（固）和氯化铵（固）在 20℃ 附近的比热容分别为 $0.16 \text{cal} \cdot (\text{g} \cdot ℃)^{-1}$ 和 $0.26 \text{cal} \cdot (\text{g} \cdot ℃)^{-1}$。

实验四 中和热的测定

【目的要求】

1. 掌握中和热的测定方法。
2. 通过中和热的测定，计算弱酸的离解热。

【预习要求】

1. 掌握中和热测定的原理和相关概念。
2. 熟悉数字贝克曼温度计的使用。

【实验原理】

1mol 的一元强酸溶液与 1mol 的一元强碱溶液混合时，所产生的热效应是不随着酸或碱的种类而改变的，因为这里所研究的体系中各组分是全部电离的。因此，热化学方程式可用离子方程式表示：

$$\text{H}^+ + \text{OH}^- \Longrightarrow \text{H}_2\text{O} \quad \Delta H_{\text{中和}} = -57.36 \text{kJ} \cdot \text{mol}^{-1} \tag{2-10}$$

式(2-10)可作为强酸与强碱中和反应的通式。由此还可以看出，这一类中和反应与酸的阴离子或碱的阳离子并无关系。

若以强碱（NaOH）中和弱酸（CH_3COOH）时，则与上述强酸、强碱的中和反应不同。因为在中和反应之前，首先是弱酸进行解离，其反应为：

$$\text{CH}_3\text{COOH} \Longrightarrow \text{H}^+ + \text{CH}_3\text{COO}^- \quad \Delta H_{\text{解离}}$$
$$\text{H}^+ + \text{OH}^- \Longrightarrow \text{H}_2\text{O} \quad \Delta H_{\text{中和}}$$

总反应：$\quad \text{CH}_3\text{COOH} + \text{OH}^- \Longrightarrow \text{H}_2\text{O} + \text{CH}_3\text{COO}^- \quad \Delta H \tag{2-11}$

由此可见，ΔH 是弱酸与强碱中和反应总的热效应，它包括中和热和解离热两部分。根据盖斯定律可知，如果测得这一反应中的热效应 ΔH 以及 $\Delta H_{\text{中和}}$，就可以通过计算求出弱

酸的解离热 $\Delta H_{解离}$。

【仪器和试剂】

SWC-ZH 中和焓测定装置 1 套；量筒（500mL）1 只；秒表 1 块。

NaOH$(1.0\text{mol}\cdot\text{L}^{-1})$；HCl$(1.0\text{mol}\cdot\text{L}^{-1})$；$CH_3COOH$$(1.0\text{mol}\cdot\text{L}^{-1})$。

【实验步骤】

1. 实验准备

清洗仪器，打开 SWC-ZH 中和焓测定装置，预热 5min。

2. 量热计常数的测定

用量筒量取 500mL 蒸馏水注入用净布或滤纸擦净的杜瓦瓶中，轻轻塞紧瓶塞。接通电源，调节功率值在 3~4W 之间。均匀搅拌 5min。然后，切断电源，每分钟记录一次贝克曼温度计的读数，记录 10min。读第 10 个数的同时，再次接通电源，并连续记录温度。在通电过程中，电流、电压必须保持恒定（随时观察电流表与电压表，若有变化，必须马上调节到原来指定值）。记录电流、电压值。待水温升高 0.8~1℃ 时，停止通电，且记下通电时间。继续搅拌及每隔 1min 记录一次水温，测量 10min 为止。用作图法确定由通电而引起的温度变化 ΔT_1。按上述操作方法重复两次，取其平均值。

3. 中和热的测定

取 $1.0\text{mol}\cdot\text{L}^{-1}$ NaOH 溶液 50mL 注入碱储存器中，仔细检查确定不漏液。用量筒量取 400mL 蒸馏水注入用净布或滤纸擦净的杜瓦瓶中，然后加入 $1.0\text{mol}\cdot\text{L}^{-1}$ HCl 溶液 50mL。轻轻塞紧瓶塞，用搅拌器均匀搅拌，并记录温度（每分钟一次）。计 10 个数后，将碱储存器稍稍提起，用玻璃棒将胶塞捅掉（不要用力过猛，以免玻璃棒碰破杜瓦瓶之内壁而损害仪器）。捅掉胶塞后，即将碱储存器上下移动两次，使碱液全部流出。此后不断搅拌，并继续每隔 10s 记录一次温度。待温度变化缓慢后，再记录 10min 就停止测定。用作图法确定 ΔT_2。按上述方法重复两次，取其平均值。

4. 表观中和热的测定

用 CH_3COOH 代替 HCl，重复上述操作，求 ΔT_3。

5. 实验结束

断水、断电，清洗仪器，清理实验桌。

【数据记录和处理】

见表 2-9。

室温：_____℃；大气压：_____ kPa；实验日期：_____；仪器名称型号：_____。

表 2-9　中和热实验数据记录表

实验次数	ΔT 值		
	ΔT_1	ΔT_2	ΔT_3
1			
2			
3			
平均值			

1. 量热计常数的计算

由实验可知，通电所产生的热量使量热计温度上升 ΔT_1，由焦耳-楞次定律可得：

$$Q = UIt = K\Delta T_1 \tag{2-12}$$

式中，Q 为通电所产生的热量，J；I 为电流强度，A；U 为电压，V；t 为通电时间，s；ΔT_1 为通电使温度升高的数值，℃；K 为量热计常数，其物理意义是量热计每升高 1℃ 所需的热量，它是由杜瓦瓶以及其中仪器和试剂的质量和比热容所决定的。当使用某一固定量热计时，K 为常数。由式(2-12)可得：

$$K = \frac{UIt}{\Delta T_1} \tag{2-13}$$

将 ΔT_1（平均值）代入上式，求出量热计常数 K。

2. 中和热及解离热的计算

反应的摩尔热效应可表示为：$\Delta H = -K\Delta T \times 1000/cV$ (2-14)

式中，c 为溶液的浓度；V 为溶液的体积，mL；ΔT 为体系的温度升高值。

利用式(2-14)，将 K、ΔT_2 及 ΔT_3（平均值）代入，分别求出强酸、弱酸与强碱中和反应的摩尔热效应 $\Delta H_{中和}$ 和 ΔH。利用盖斯定律求出弱酸分子的摩尔解离热 $\Delta H_{解离}$，即：

$$\Delta H_{解离} = \Delta H - \Delta H_{中和}$$

【思考与讨论】
1. 本实验是用电热法求得量热计常数，试考虑是否可用其他方法？能否设计出一个实验方案来？
2. 试分析测量中影响实验结果的因素有哪些？

实验五　凝固点降低法测摩尔质量

【目的要求】
1. 使用凝固点降低法测定萘的摩尔质量。
2. 掌握溶液凝固点的测定技术。
3. 掌握数字温度温差测量仪器的使用方法。

【预习要求】
1. 明确稀溶液依数性的含义。
2. 了解用凝固点降低法测定溶质摩尔质量的原理和方法。
3. 了解温度温差测量仪器的测量原理、使用方法及注意事项。

【实验原理】
溶液的凝固点通常指溶剂和溶质不生成固溶体的情况下，固态纯溶剂和液态溶液成平衡时的温度。当稀溶液凝固析出纯固体溶剂时，则溶液的凝固点低于纯溶剂的凝固点，其降低值与溶液的质量摩尔浓度成正比。即

$$\Delta T = T_f^* - T_f = K_f m_B \tag{2-15}$$

式中，T_f^* 为纯溶剂的凝固点；T_f 为溶液的凝固点；m_B 为溶液中溶质 B 的质量摩尔浓度；K_f 为溶剂的质量摩尔凝固点降低常数，它的数值仅与溶剂的性质有关。

若称取一定量的溶质 W_B（g）和溶剂 W_A（g）配成稀溶液，则此溶液的质量摩尔浓度为

$$m_B = \frac{W_B}{M_B W_A} \times 10^3$$

式中，M_B 为溶质的摩尔质量。将该式代入式(2-15)，整理得：

$$M_B = K_f \frac{W_B}{\Delta T W_A} \times 10^3 \tag{2-16}$$

若已知某溶剂的凝固点降低常数 K_f 值，通过实验测定此溶液的凝固点降低值 ΔT，即可计算溶质的摩尔质量 M_B。

纯溶剂的凝固点是其液-固共存的平衡温度。通常测凝固点的方法是将液体逐渐冷却，理论上，在未凝固前温度将随时间均匀下降，开始凝固后因放出凝固热而补偿了热损失，体系将保持液-固两相共存的平衡温度不变，直到全部凝固，再继续均匀下降［见图 2-11(a)］。但在实际过程中经常发生过冷现象，冷却到凝固点时，并不析出晶体，而是成为过冷液体，然后由于搅拌或加入晶种促使溶剂结晶，由结晶放出的凝固热，使体系温度回升，当放热与散热达到平衡时，温度不再改变。此固液两相共存的平衡温度即为液体的凝固点。其冷却曲线如图 2-11(b) 所示。但过冷太厉害或寒剂温度过低，则凝固热抵偿不了散热，此时温度不能回升到凝固点，在温度低于凝固点时完全凝固，就得不到正确的凝固点。

溶液的凝固点是溶液与溶剂的固相共存时的平衡温度，其冷却曲线与纯溶剂不同。当有溶剂凝固析出时，剩余溶液的浓度增大，因而溶液的凝固点也逐渐下降［见图 2-11(c)］，如果溶液的过冷程度不大，析出固体溶剂的量对溶液浓度影响不大，则以过冷回升的温度作凝固点，对测定结果影响不大［见图 2-11(d)］。如果过冷太甚，凝固的溶剂过多，溶液的浓度变化过大，则出现图 2-11(e) 的情况，这样就会使凝固点的测定结果偏低。

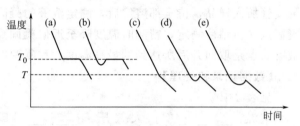

图 2-11　溶剂与溶液的冷却曲线

由于溶剂析出后，剩余溶液浓度变大，显然回升的最高温度不是原浓度溶液的凝固点，严格的做法应作冷却曲线，并加以校正。但由于冷却曲线不易测出，而真正的平衡浓度又难于直接测定，实验总是用稀溶液，并控制条件使其晶体析出量很少，所以以起始浓度代替平衡浓度，对测定结果不会产生显著影响。

本实验测纯溶剂与溶液凝固点之差，由于差值较小，所以测温需用较精密仪器，本实验使用数字温差测量仪。

【仪器和试剂】

凝固点测定仪 1 套；数字温差测量仪 1 台；磁力搅拌 1 台；秒表 1 只；水银温度计 1 只；25mL 移液管 1 只。

环己烷（A.R.）；萘（A.R.）。

【实验步骤】

1. 取适量冰与水混合为寒剂，调节寒剂温度为 2~3℃。注意不断搅拌并不时补充碎冰，使寒剂保持此温度。

2. 溶剂凝固点的测定

如图 2-12 安装仪器，用移液管向清洁、干燥的凝固点管内加入 25mL 环己烷，插入数字温差测量仪的温度传感器，调整位置，勿使其碰壁。

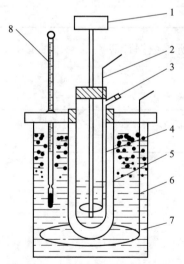

图 2-12　凝固点降低实验装置
1—数字温差测量仪；2—内管搅拌；
3—投料支管；4—凝固点管；
5—空气套管；6—寒剂搅棒；
7—冰槽；8—温度计

先将盛环己烷的凝固点管直接插入寒剂中，匀速搅拌使温度逐渐降低，当凝固点管中有少量固体出现时，即加速搅拌，待温度回升后，恢复原来的搅拌，记下温度回升的最高值，即为环己烷的近似凝固点。

取出凝固点管，用手捂住管壁片刻，同时不断搅拌，使管中固体全部熔化，将凝固点管外壁拭干，放在空气套管中，插入寒剂。匀速搅拌，使温度逐渐降低，当温度降至近似凝固点以上1℃时，打开秒表，每30s读一次温度，当凝固点管中有少量固体出现时，即加速搅拌，待温度回升后恢复原来的搅拌速度。温度回升并稳定时，停止读数，记下稳定的温度值。重复测定两次，每次之差不超过0.006℃，两次平均值作为纯环己烷的凝固点。

3. 溶液凝固点的测定

取出凝固点管，如前将管中环己烷熔化，用电子天平精确称取约0.20g萘，自凝固点管的支管加入样品，待全部溶解后，测定溶液的凝固点。测定方法与纯溶剂的相同，先测近似凝固点，再精确测定，精测时温度降至近似凝固点以上1℃时即每30s记一次温度值，但溶液凝固点是取回升后所达到的最高温度。重复两次，取平均值，两次之差不超过0.006℃。

【数据记录和处理】

见表2-10。

室温：_____℃；大气压：_____kPa；实验日期：_____；仪器名称型号：_____

表2-10 凝固点降低法测定化合物摩尔质量数据记录

溶剂凝固点的测定	时间/min		
	温度/℃	1	
		2	
溶液凝固点的测定	时间/min		
	温度/℃	1	
		2	

1. 由环己烷的密度，计算所取环己烷的质量 m_A，并由所得数据计算萘的摩尔质量，填入表2-11。

表2-11 萘的摩尔质量的计算

物质	质量/g	凝固点 T_f/℃			环己烷的凝固点降低值 $(\Delta T = T_f^* - T_f)$/℃	萘的摩尔质量 $M_B = K_f \dfrac{W_B}{\Delta T W_A} \times 10^3$
		近似值	测量值	平均值		
溶剂	$W_A=$					
溶液	$W_B=$					

2. 计算萘的摩尔质量的计算值与理论值的相对误差，并由所得数据绘制纯溶剂与溶液的冷却曲线。并根据过冷程度对测得的溶液凝固点做出相应的修正，再计算校正后萘的摩尔质量。

【思考与讨论】
1. 为什么要先测近似凝固点？
2. 根据什么原则考虑加入溶质的量？太多或太少影响如何？
3. 当溶质在溶液中有解离、缔合和配合情况时，对摩尔质量的测定值有何影响？
4. 用凝固点降低法测摩尔质量，选择溶剂时应考虑哪些因素？

【注意事项】
1. 搅拌速度的控制是做好本实验的关键，每次测定应按要求的速度搅拌，并且测溶剂与溶液凝固点时搅拌条件要完全一致。
2. 寒剂温度对实验结果也有很大影响，过高会导致冷却太慢，过低则测不出正确的凝固点。

实验六　液体饱和蒸气压的测定

【目的要求】
1. 理解纯液体饱和蒸气压与温度的关系、克劳修斯-克拉贝龙（Clausius-Clapeyron）方程的意义。
2. 掌握用图解法求算摩尔汽化热及沸点的方法。
3. 掌握纯液体饱和蒸气压的测定方法。

【预习要求】
1. 了解用静态法测定液体饱和蒸气压的操作方法。
2. 了解真空泵、恒温槽、气压计的使用方法及注意事项。
3. 明确液体饱和蒸气压的测定原理。

【实验原理】
在一定温度下，当纯液体与其蒸汽达到平衡时，蒸汽的压力称为该温度下液体的饱和蒸气压。蒸发1mol纯液体所需要的热量称为该温度下液体的摩尔汽化热。饱和蒸气压与温度的关系服从克劳修斯-克拉贝龙方程。

$$\frac{d\ln p}{dT} = \frac{\Delta_{vap} H_m}{RT^2} \tag{2-17}$$

式中，R 为气体常数；$\Delta_{vap} H_m$ 为温度 T 时液体的摩尔汽化热。

随着温度的增加，液体饱和蒸气压也要增大。当液体的饱和蒸气压等于外压时，液体"沸腾"，此时的温度称为沸点。外压不同时，液体的沸点随温度而变化。而饱和蒸气压恰为101.325kPa 时，所对应的温度为该液体的正常沸点。

如果温度变化区间不大，则可把 $\Delta_{vap} H_m$ 视作常数，将式(2-17) 积分以得

$$\ln p = -\frac{\Delta_{vap} H_m}{R} \times \frac{1}{T} + C \tag{2-18}$$

式中，C 为积分常数。由此式可以看出，以 $\ln p$ 对 $1/T$ 作图，应为一直线，直线的斜率为 $-\frac{\Delta_{vap} H_m}{R}$，由斜率可求算液体的摩尔汽化热 $\Delta_{vap} H_m$。

测定饱和蒸气压常用的方法有两种。

(1) 动态法　常用的有饱和气流法，即通过一定体积的已被待测物质所饱和的气流，用某物质完全吸收。然后称量吸收物质增加的质量，求出蒸气的分压力即为该物质的饱和蒸

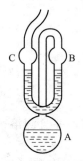

图 2-13 平衡管示意图

气压。

(2) 静态法 把待测物质放在一个封闭体系中，在不同的温度下直接测定其蒸气压或在不同外压下测定液体的沸点。

本实验采用静态法。

静态法的测定仪器平衡管（图 2-13）由三个相连的玻璃球 A、B 和 C 组成。A 球中储存有待测液体，B、C 球中的待测液体在底部用 U 形管连通。当 A、B 球的上部纯粹是待测液体的蒸汽，且 B 球与 C 球之间的 U 形管中液面在同一水平时，则表示加在 B 管液面上的蒸气压与加在 C 管液面上的外压相等。此时液体的温度即是体系的汽液平衡温度，亦即沸点。待测液体的体积占 A 球的 2/3 为宜。

【仪器和试剂】

玻璃恒温水浴 1 台；不锈钢缓冲储气罐 1 个；精密数字压力计 1 台；旋片式真空泵 1 台；平衡管、冷凝管 1 套。

无水乙醇（A.R.）。

【实验步骤】

1. 装置仪器

将待测液装入平衡管，A 球中装入 2/3 体积，在 B、C 球之间的 U 形管中也装入少量的乙醇。然后按图 2-14 将仪器安装好。

2. 体系减压，排除空气

关闭储气罐的平衡阀 1，打开进气阀和平衡阀 2，开启真空泵［注意：先按下"采零"键，再开启真空泵，使仪器自动扣除传感器零压力值（零点漂移），此时显示器显示为"0000"，以保证所测压力值的准确度］。当压力计的示数为 $-50 \sim -60$ kPa 时，关闭进气阀，观察压力计计数，若读数不变，则系统不漏气；若真空度下降，则系统漏气，要查清漏气原因并排除。

开通冷凝水，同时启动真空泵，减压至真空度达 -90 kPa（以抽至气泡成串上逸），关闭抽气活塞，维持液体缓慢沸腾 3～4min，以排除试样球中

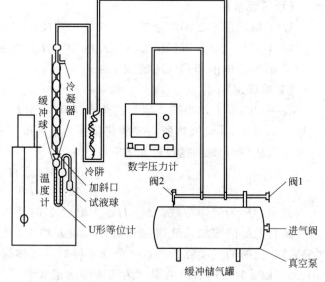

图 2-14 纯液体饱和蒸气压测定装置图

的空气（使试样球与 U 形管之间空间内为乙醇蒸气）。然后小心开启进气活塞，缓缓充入空气，此时，C 管液面下降，B 管液面升高，直至 U 形管内两臂的液面等高为止，记录温度及精密数字压力计数据。

3. 测量不同温度下液体的饱和蒸气压

将恒温水浴恒温至 30℃，慢慢调节平衡阀 1，当 B、C 球之间的 U 形管内的两液面相平时，立即读取并记录温度及精密数字压力计数据，并立即关闭平衡阀 1。此后，依次将恒温水浴恒温至 33℃、36℃、39℃、42℃、45℃、48℃、51℃，分别读取并记录温度及精密数

字压力计数据。

实验结束后，缓慢打开平衡阀1，使体系通大气，压力计恢复零位。断开仪器电源，再关冷凝水（注意次序）。

【注意事项】
1. 减压系统不能漏气，否则抽气时达不到本实验要求的真空度。
2. 抽气速度要合适，必须防止平衡管内液体沸腾过剧，致使管内液体快速蒸发。
3. 在体系抽空后，先保持一段时间，待空气排净后，方可继续实验。

【数据记录和处理】
见表2-12。

室温：_____℃；大气压：_____kPa；实验日期：_____；
仪器名称型号：_____

表 2-12　液体饱和蒸气压的测定数据记录

实验序号	T/℃	真空度/-kPa	$p_\text{实}$/Pa＝大气压＋真空度	$\ln(p_\text{实}/\text{Pa})$	$1/T/\text{K}^{-1}$
1	30				
2	33				
3	36				
4	39				
5	42				
6	45				
7	48				
8	51				

1. 将温度、压力数据列表，算出不同温度下的饱和蒸气压。
2. 在体系抽空后，先保持一段时间，待空气排净后，方可继续实验。
3. 以 $\ln p_\text{实}$-$1/T$ 作图，并由直线斜率确定水的摩尔蒸发热 $\Delta_\text{vap} H_\text{m}$。

【思考与讨论】
1. 试分析引起本实验误差的因素有哪些？
2. 为什么AB弯管中的空气要排干净？怎样操作？
3. 试说明压力计中所读数值是否为纯液体的饱和蒸气压？
4. 为什么减压完成后必须使体系和真空泵与大气相通才能关闭真空泵？

实验七　双液系汽液平衡相图

【目的要求】
1. 绘制常压下环己烷-乙醇双液系的 T-x 图，并找出恒沸点混合物的组成和最低恒沸点。
2. 掌握阿贝折光仪的使用及液体折射率的测试方法。

【预习要求】
1. 了解绘制双液系相图的基本原理和方法。

2. 熟悉阿贝折光仪的使用。

【实验原理】

在常温下，任意两种液体混合组成的体系称为双液体系。若两液体能按任意比例相互溶解，则称完全互溶双液体系；若只能部分互溶，则称部分互溶双液体系。

液体的沸点是指液体的蒸气压与外界大气压相等时的温度。在一定的外压下，纯液体具有确定的沸点。而双液体系的沸点不仅与外压有关，还与双液体系的组成有关。图 2-15 是一种完全互溶双液系的 T-x 图。图 2-15 中纵轴是温度（沸点）T，横轴是液体 B 的摩尔分数 x_B（或质量分数），上面一条是汽相线，下面一条是液相线，对应于同一沸点温度的两曲线上的两个点，就是互相成平衡的汽相点和液相点，其相应的组成可从横轴上获得。因此如果在恒压下将溶液蒸馏，测定汽相馏出液和液相蒸馏液的组成就能绘出 T-x 图。

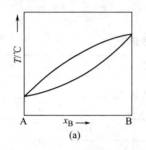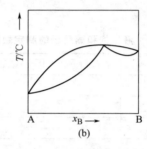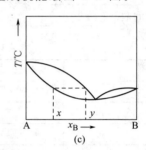

(a)　　　　　(b)　　　　　(c)

图 2-15　完全互溶双液系的 T-x 相图

如果液体与拉乌尔定律的偏差不大，在 T-x 图上溶液的沸点介于 A、B 两种纯液体的沸点之间（见图 2-15），实际溶液由于 A、B 两组分的相互影响，常与拉乌尔定律有较大偏差，在 T-x 图上会有最高或最低点出现，如图 2-15(b)、图 2-15(c) 所示，这些点称为恒沸点，其相应的溶液称为恒沸点混合物。恒沸点混合物蒸馏时，所得的汽相与液相组成相同，靠蒸馏无法改变其组成。如盐酸与水的体系具有最高恒沸点，环己烷与乙醇的体系则具有最低恒沸点。

本实验是用回流冷凝法测定环己烷-乙醇体系的沸点-组成图。其方法是用阿贝折光仪测定不同组成的体系在沸点温度时汽、液相的折射率，再从折射率-组成工作曲线上查得相应的组成，然后绘制沸点-组成图。

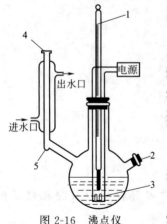

图 2-16　沸点仪

1—温度计；2—加料口；
3—加热丝；4—汽相冷凝液取样口；5—汽相冷凝液

测定双液系相图（T-x 图）时，需要同时测定三个数据，即沸点及此温度下的汽相和液相组成。本实验用回流冷凝的方法，测定不同组成的溶液的沸点及汽液组成。沸点数据可直接测得，汽液组成则可利用阿贝折光仪测溶液折射率的办法，再查找标准曲线（组成-折射率曲线）获得。

【仪器和试剂】

沸点仪（图 2-16）1 套；电热套 1 台；阿贝折光仪 1 台；汽、液相取样管各 1 支；超级恒温水浴 1 台；50mL 移液管 1 支。

质量分数 6%，10%，20%，40%，50%，70%，80%，95%（乙醇）的乙醇-环己烷溶液。

【实验步骤】

1. 测定沸点

在沸点仪中加入适量混合溶液，盖好磨口塞，开通冷凝水，打开电热套开关,加热液体。当溶液沸腾后,调小电热套加热电压,液体沸腾时,观察沸点仪中精密温度计指示,待读数稳定 2~3min 不变后,倾斜沸点仪,将汽相冷凝液倾入液相,再次加热,至沸读数再次稳定后,记下沸点仪中温度计的读数,停止加热。

2. 测定折射率

断开电热套电源,用一支取样管从回流冷凝管口 4 吸取少许样品(即为汽相样品)。把所取的样品冷却后,迅速滴入已通入 (25±0.1)℃ 恒温水的阿贝折光仪中,测其折射率,测三次取平均值。再用另一支滴管从烧瓶口 2 吸取沸点仪中的溶液(即为液相样品),测定其折射率。测完后,将沸点仪内的液体移回原溶液瓶中,盖好瓶塞备用。

按上述步骤,分别测出各种不同比例混合样品的沸点和平衡时的汽相与液相折射率,再由组成-折射率标准曲线确定其组成。

【数据记录和处理】

1. 列表记录实验数据

见表 2-13。

室温:_____℃;大气压:_____kPa;实验日期:_____;
仪器名称型号:_____

表 2-13 双液体系的沸点和折射率

混合溶液编号	沸点/℃	汽相冷凝液		液相冷凝液	
		折射率	组成	折射率	组成

纯环己烷沸点(温度计读数)为 80.25℃,无水乙醇的沸点为 78.00℃。

2. 由测得的汽相和液相样品的折射率从乙醇-环己烷工作曲线(组成-折射率)上查出其组成,填入表 2-13。

3. 绘制乙醇-环己烷汽液平衡相图。

4. 由图确定其恒沸点及恒沸物组成。

【注意事项】

1. 由于整个体系并非绝对恒温,汽、液两相的温度会有少许差别,因此沸点仪中,温度计水银球的位置应一半浸在溶液中,一半露在蒸汽中。并随着溶液量的增加,要不断调节水银球的位置。

2. 实验中可调节加热电压来控制回流速度的快慢,电压不可过大,能使待测液体沸腾即可。

3. 在每一份样品的蒸馏过程中,由于整个体系的成分不可能保持恒定,因此平衡温度会略有变化,特别是当溶液中两种组成的量相差较大时,变化更为明显。为此每加入一次样品后,只要待溶液沸腾,正常回流 1~2min 后,即可取样测定,不宜等待时间过长。

4. 取样时所用的毛细滴管一定要干净,不能留有上次的残液,汽、液相取样管须用待测样品涮洗。

【思考与讨论】

1. 如何判定汽、液相已经达到平衡?

2. 在测定各混合溶液的沸点和组成时，每换一个试样不必将沸点仪重新清洗烘干，为什么？

3. 过热现象对实验产生什么影响？如何在实验中尽可能避免？

实验八　二组分金属相图的绘制

【目的要求】

1. 用热分析法测绘 Sn-Pb 二组分金属相图。
2. 了解热分析法测量技术。

【预习要求】

1. 了解纯物质的步冷曲线和混合物的步冷曲线的形状有何不同，其相变点的温度应如何确定。
2. 掌握热分析法测绘相图的原理和注意事项。

【实验原理】

相图是多相体系处于相平衡状态时体系的某些物理性质（如温度或压力）对体系的组成作图所得的图形，因图中能反映出相平衡情况（相的数目及性质等），故称为相图。由于压力对凝聚体系的相平衡影响很小，所以二元合金的相图通常不考虑压力的影响，而常以组成为横坐标，以温度为纵坐标作图。

热分析法是绘制相图常用的方法，其原理是将体系加热熔融成一均匀液相，然后让体系缓慢冷却，每隔一定时间记录一次温度，表示温度与时间关系的曲线叫步冷曲线。

当熔融体系在均匀冷却过程中无相变化时，其温度将连续均匀下降，得到一光滑的冷却曲线；当体系内发生相变时，则因体系产生的相变热与自然冷却时体系放出的热量相抵偿，冷却曲线就会出现转折或水平线段，转折点所对应的温度，即为该组成合金的相变温度。利用冷却曲线所得到的一系列组成和所对应的相变温度数据，以横轴表示混合物的组成，纵轴上标出开始出现相变的温度，把这些点连接起来，就可绘出相图。

二元简单低共熔体系的冷却曲线具有图 2-17 所示的形状。

用热分析法测绘相图时，被测体系必须一直处于或接近相平衡状态，因此必须保证冷却速度足够慢才能得到较好的效果。此外，在冷却过程中，一个新的固相出现以前，常常发生过冷现象，轻微过冷则有利于测量相变温度；但严重过冷现象，却会使转折点发生起伏，使相变温度的确定产生困难。见图 2-18。遇此情况，可延长 dc 线与 ab 线相交，交点 e 即为转折点。

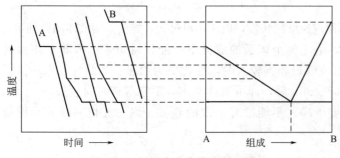

图 2-17　根据步冷曲线绘制相图

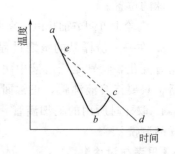

图 2-18　有过冷现象时的步冷曲线

【仪器和试剂】

KWL-09 可控升降温电炉 1 台；SWKY-1 数字温控仪 1 台；启天 M620E 微型计算机 1 台；不锈钢样品管 6 个。

Sn（A.R.）；Pb（A.R.）；石墨粉。

【实验步骤】

1. 样品配制

用感量 0.1g 的台秤分别称取纯 Sn、纯 Pb 各 50g，另配制含锡 20%、40%、61.9%、80% 的铅锡混合物各 50g，分别置于样品管中，在样品上方各覆盖一层石墨粉。

2. 绘制步冷曲线

（1）将测量仪器连接好。将样品管插入控温区电炉，温度传感器Ⅰ插入控温区传感器插孔，温度传感器Ⅱ插入测试区电炉炉膛内。

（2）打开金属相图程序，输入姓名和学号，设置串行口。

（3）设置控制温度（比熔点高 50℃ 左右），将盛样品的试管放入加热炉内加热。手动调节测试区电炉温度（比控温区低 50℃ 左右）。待样品完全熔化后，搅拌均匀，用钳子取出试管，放入测试区电炉炉膛内并把温度传感器Ⅱ放入试管中。选择"数据通讯"—"清屏"—"开始实验"。

（4）耐心调节"加热量调节"旋钮和"冷风量调节"旋钮，使之匀速降温（降温速率一般为 5~8℃/min）。当所有的转折点都测出后，终止实验。保存曲线。读出转折点温度并记录。

（5）用上述方法依次绘制锡，铅，含 Sn 61.9%、80%、40%、20% 等样品的步冷曲线。记录试样的组成及转折点温度。

【数据记录和处理】

室温：_____ ℃；大气压：_____ kPa；实验日期：_____；
仪器名称型号：_____。

1. 找出各步冷曲线中拐点和平台对应的温度值。
2. 以温度为纵坐标，以组成为横坐标，绘制 Sn-Pb 合金相图。

【注意事项】

1. 用电炉加热样品时，注意温度要适当，温度过高，样品易氧化变质；温度过低或加热时间不够，则样品没有全部熔化，步冷曲线转折点测不出。

2. 注意勿使热端离开样品，金属熔化后常使样品管盖浮起，这些因素都会导致测温点变动，必须消除。

3. 在测定一样品时，可将另一待测样品放入加热炉内预热，以便节约时间，合金有两个转折点，必须待第二个转折点测完后方可停止实验，否则须重新测定。

【思考与讨论】

1. 对于不同成分的混合物的步冷曲线，其水平段有什么不同？
2. 作相图还有哪些方法？
3. 通常认为，体系发生相变时的热效应很小，热分析法很难测得准确相图，为什么？在 30% 和 80% 的二样品的步冷曲线中的第一个转折点哪个明显？为什么？
4. 步冷曲线上为什么会出现转折点？纯金属、低共熔物及合金等的转折点各有几个？曲线形状有何不同？为什么？

【附】
1. 不同组分体系的步冷曲线见图 2-19。
2. Pb-Sn 相图的最低共熔点：$T=456K$（180℃）；$x_{Sn}=0.47$；$w_{Sn}=61.9\%$。
3. Pb 及 Sn 的熔点及相应的熔化焓

$T_{Pb}=599K$（326℃）， $\Delta H_m^\ominus=5.12 kJ\cdot mol^{-1}$

$T_{Sn}=505K$（232℃）， $\Delta H_m^\ominus=7.196 kJ\cdot mol^{-1}$

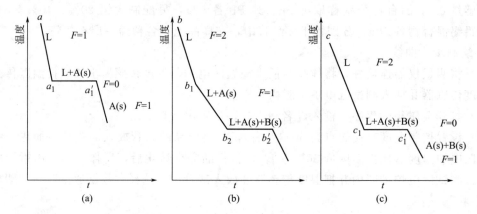

图 2-19 不同组分体系的步冷曲线
(a) 单组分体系；(b) 二元混合物；(c) 低共熔体系的步冷曲线

实验九　部分互溶双液系的相互溶解度

【目的要求】
1. 了解液体相互溶解度的概念。
2. 学习液体相互溶解度的测定原理和方法。

【实验原理】
液体和液体混合有三种情况：完全互溶、不互溶和部分互溶。

有些非理想溶液，在温度降低时会出现部分互溶现象。即一种液体在另一种液体中只有有限的溶解度，如水-异丁醇系统在 406K 下就不能以任意比互溶。常温常压下水中只能溶解少量异丁醇。当溶液中醇的含量达到 8.5% 后，继续加入醇就不再溶解，而在原溶液的上方出现一个浓度为 83.6% 的新液层，这样的一对平衡共存的溶液称共轭溶液。共轭溶液实际上是两个饱和溶液，下层是异丁醇在水中的饱和溶液，上层是水在异丁醇中的饱和溶液。当温度改变时，共轭溶液中的两个溶解度均会发生变化，两个溶解度均随温度的升高而增大，即两相浓度逐渐接近。当 T 升至 406K 时，两相浓度相等，界面消失，两层溶液合并为一个溶液，这个温度就是最高临界溶解温度。

部分互溶双液系的状态图（图 2-20）大多具有最高临界溶解温度，或称会溶温度，溶解度曲线如帽形。帽形区外体系为单相，帽形区内为两层溶液共存。

会溶温度的高低反映了一对液体间相互溶解能力的强弱，会溶温度越低，则两液间互溶性越好。可利用会溶温度的数据来选择优良的萃取剂。

测定部分互溶双液系的相互溶解度有两种方法。

1. 一定温度下，体系两液相达成平衡时，分析确定两液相中组分 A 或 B 的浓度。改变温度，求得一系列温度下两液相平衡时组分 A 或 B 的浓度，制图。

2. 配制一系列组成为 x_i 的两液相的混合物，加热，记录混合物变为单相时的温度 T_i，得不同组成时的温度 T_1、T_2、T_3 ⋯即可得溶解度曲线。

【仪器和试剂】

磁力加热搅拌器，硬质玻璃管，空气套管。

甲醇（A.R.），环己烷（A.R.）

【实验步骤】

1. 甲醇-环己烷混合液的配制

在试管中配制体积分数为 40%、45%、50%、55%、65%、70%、80%、85%、90%（环己烷含量）的甲醇-环己烷混合液各 10mL。

2. 甲醇-环己烷体系相互溶解度的测定

如图 2-21 装置，水浴加热并搅拌，记录混合液从浑浊变为澄清时的温度 T_i。然后将试管从水中取出，擦干管外的水分，放入空气套管中缓慢冷却，记录由澄清变为浑浊的温度 T'_i 和 T_i 应该是相等的。

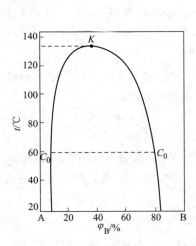

图 2-20　水（A）-异丁醇（B）二元系液液平衡相图

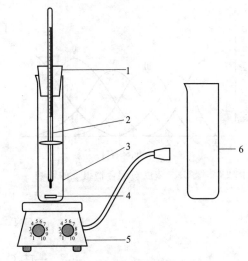

图 2-21　相互溶解度实验装置图
1—胶塞；2—温度计；3—硬质玻璃管；4—磁子；
5—磁力加热搅拌器；6—空气套管

【数据记录和处理】

见表 2-14。

室温：＿＿＿＿＿＿℃；大气压：＿＿＿＿＿＿kPa；实验日期：＿＿＿＿＿＿；

仪器名称型号：＿＿＿＿＿＿

表 2-14　相互溶解度实验数据记录表

环己烷浓度	40%	45%	50%	55%	65%	70%	80%	85%	90%
T_i									
T'_i									

1. 用环己烷浓度 c 对溶解温度 T 作图。
2. 由溶解度曲线求甲醇-环己烷体系的会溶温度和会溶组成。

实验十　液相平衡

【目的要求】

1. 利用分光度计测定低浓度下铁离子与硫氰酸根生成硫氰合铁配离子的液相反应常数。
2. 通过实验了解热力学平衡常数的数值与反应物起始浓度无关。

【实验原理】

Fe^{3+} 与 SCN^- 在溶液中可生成一系列的配离子，并共存于同一个平衡体系中。当 SCN^- 的浓度增加时，Fe^{3+} 与 SCN^- 生成的配合物的组成发生如下的改变：

$$Fe^{3+} + SCN^- \longrightarrow [Fe(SCN)]^{2+} \longrightarrow [Fe(SCN)_2]^+ \longrightarrow [Fe(SCN)_3]$$
$$\longrightarrow [Fe(SCN)_4]^- \longrightarrow [Fe(SCN)_5]^{2-} \longrightarrow [Fe(SCN)_6]^{3-}$$

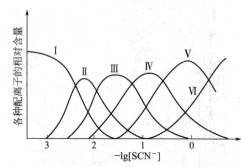

图 2-22　SCN^- 浓度对配合物组成的影响

而这些不同的配离子色调也不同。由图 2-22 可知，当 Fe^{3+} 与浓度很低的 SCN^-（一般应小于 5×10^{-3} mol·L^{-1}）共存时，只进行如下的反应。

$$Fe^{3+} + SCN^- \rightleftharpoons [Fe(SCN)]^{2+}$$

即反应被控制在仅仅生成最简单的 $[Fe(SCN)]^{2+}$ 配离子。其平衡常数表示为：

$$K_c = \frac{[Fe(SCN)^{2+}]}{[Fe^{3+}][SCN^-]}$$

由于 Fe^{3+} 在水溶液中存在水解平衡，所以 Fe^{3+} 与 SCN^- 的实际反应很复杂。其反应机理为：

$$Fe^{3+} + SCN^- \underset{k_{-1}}{\overset{k_1}{\rightleftharpoons}} [Fe(SCN)]^{2+}$$

$$Fe^{3+} + H_2O \underset{k_{-2}}{\overset{k_2}{\rightleftharpoons}} [Fe(OH)]^{2+} + H^+ \quad (快)$$

$$[Fe(OH)]^{2+} + SCN^- \underset{k_{-3}}{\overset{k_3}{\rightleftharpoons}} [Fe(OH)(SCN)]^+ \quad (快)$$

$$[Fe(OH)(SCN)]^+ + H^+ \underset{k_{-4}}{\overset{k_4}{\rightleftharpoons}} [FeSCN]^{2+} + H_2O \quad (快)$$

当达到平衡时整理得到

$$\frac{[Fe(SCN)^{2+}]_\text{平}}{[Fe^{3+}]_\text{平}[SCN^-]_\text{平}} = \frac{k_1 + \dfrac{k_2 k_3}{k_{-2}[H^+]_\text{平}}}{k_{-1} + \dfrac{k_{-4} k_{-3}}{k_4 [H^+]_\text{平}}}$$

由上式可见平衡常数受氢离子的影响，因此实验只能在同一 pH 值下进行。

本实验为离子平衡反应，离子强度必然对平衡常数有很大影响。所以，在各被测溶液中，离子强度 $I = 1/2 \sum b_i Z_i^2$ 应保持一致。

由于 Fe^{3+} 可与多种阴离子发生配合，所以应考虑到对 Fe^{3+} 试剂的选择。当溶液中有 Cl^-、PO_4^{3-} 等阴离子存在时，会明显降低 $[Fe(SCN)]^{2+}$ 配离子的浓度，从而使溶液的颜色减弱，甚至完全消失，故实验中要避免 Cl^-、PO_4^{3-} 的参与。因而 Fe^{3+} 试剂最好选用 $Fe(ClO_4)_3$。

根据朗伯-比耳定律可知，吸光度与溶液浓度呈正比。因此，可借助于分光光度计测定其吸光度，从而计算出平衡时 $[Fe(SCN)]^{2+}$ 配离子的浓度以及 Fe^{3+} 和 SCN^- 的浓度，进而求出该反应的平衡常数 K_a，通过测量两个温度下平衡常数可计算出 ΔH。即

$$\Delta H = \frac{RT_2 T_1}{T_2 - T_1} \ln \frac{K_2}{K_1}$$

式中，K_1、K_2 分别为温度 T_1、T_2 时的平衡常数。

【仪器和试剂】

722 型分光光度计（包括恒温夹套）1 台；超级恒温槽 1 台；容量瓶（50mL）4 个；刻度移液管（5mL、10mL）分别 1，4 支。

NH_4SCN(1.0×10^{-3} mol·L^{-1})；$FeNH_4(SO_4)_2$(0.1 mol·L^{-1}，加入硝酸使溶液的酸度为 0.1 mol·L^{-1})；HNO_3(1.0×10^{-3} mol·L^{-1})；KNO_3(1.0×10^{-3} mol·L^{-1})。

【实验步骤】

1. 将恒温夹套与恒温槽连接后放进分光光度计的暗箱中，将恒温槽调到 25℃。

2. 取四个 50mL 容量瓶，编成 1，2，3，4 号。配制离子强度为 0.7，H^+ 浓度为 0.15 mol·L^{-1}，SCN^- 浓度为 2×10^{-4} mol·L^{-1}，Fe^{3+} 浓度分别为 5×10^{-2} mol·L^{-1}、10×10^{-2} mol·L^{-1}、5×10^{-3} mol·L^{-1}、2×10^{-3} mol·L^{-1} 的四种溶液，先计算出所需的标准溶液量，填写表 2-15。

表 2-15 液相平衡实验数据记录表

容量瓶号	1	2	3	4
$V(NH_4SCN)$/mL				
$V[FeNH_4(SO_4)_2]$/mL				
$V(HNO_3)$/mL				
$V(KNO_3)$/mL				

根据计算结果，配制四种溶液置于恒温槽中恒温。

3. 调整 722 型分光光度计，将波长调到 460nm 处。然后取少量已恒温的 1 号溶液洗比色皿两次。把溶液注入比色皿，置于恒温夹套中恒温 15min。然后准确地测量溶液的吸光度。更换溶液重复测三次取其平均值。用同样的方法测量 2、3、4 号溶液的吸光度。

4. 在 35℃下，重复上述实验。

【数据记录和处理】

室温：_____℃；大气压：_____kPa；实验日期：_____；

仪器名称型号：_____。

用测得的数据计算出平衡常数 K_c 值。

计算提示：

对 1 号容量瓶，Fe^{3+} 与 SCN^- 反应达平衡时可认为 SCN^- 全部消耗，此平衡时硫氰合铁离子的浓度即为反应开始时硫氰酸根离子的浓度。即有：

$$[Fe(SCN)^{2+}]_{平(1)} = [SCN^-]_{始}$$

以 1 号溶液的吸光度为基准,则对应 2、3、4 号溶液的吸光度可求出各吸光度比,而 2、3、4 号各溶液中的 $[Fe(SCN)^{2+}]_平$、$[Fe^{3+}]_平$、$[SCN^-]_平$ 可分别按下式求得:

$$[Fe(SCN)^{2+}]_平 = 吸光度 \times [Fe(SCN)^{2+}]_{平(1)} = 吸光度 \times [SCN^-]_{始}$$

$$[Fe^{3+}]_平 = [Fe^{3+}]_{始} - [Fe(SCN)^{2+}]_平$$

$$[SCN^-]_平 = [SCN^-]_{始} - [Fe(SCN)^{2+}]_平$$

【注意事项】

1. SCN^- 的浓度小于 5×10^{-3} mol·L^{-1},以保证只生成配合比为 1:1 的 $[Fe(SCN)]^{2+}$。
2. 本实验为离子平衡反应,各被测液中的离子强度要保持一致。
3. 实验过程中应避免 Cl^-、PO_4^{3-} 等阴离子对 Fe^{3+} 的影响。
4. 在吸光度的测定过程中要保持温度恒定。

【思考题】

1. 如 Fe^{3+}、SCN^- 浓度较大时,则不能按公式来计算,为什么?
2. 为什么可用 $[Fe(SCN)^{2+}]_平 = 吸光度 \times [SCN^-]_{始}$ 来计算 $[Fe(SCN)^{2+}]_平$ 呢?

实验十一 溶液偏摩尔体积的测定

【目的要求】

1. 掌握用比重瓶测定溶液密度的方法。
2. 测定指定组成的乙醇-水溶液中各组分的偏摩尔体积。
3. 理解偏摩尔量的物理意义。

【预习要求】

1. 真正理解偏摩尔量的物理意义。
2. 理解摩尔体积-摩尔分数图与比容-质量分数图之间的关系。

【实验原理】

以一定体积乙醇(设为 $n_{乙醇}$,mol)和一定体积水(设为 $n_水$,mol)在等温等压下混合,实验结果表明,混合结果并非体积加和,即

$$V_{溶液} \neq V_{乙醇} + V_水$$

定义在等温等压下在浓度为 x 的溶液中加入 1mol 组分 i 引起的容量性质 Z(如体积)的改变称为此组分的偏摩尔性质(如偏摩尔体积)。

即 $[\partial Z/\partial n_i]_{T,p,x}$,如偏摩尔体积 $[\partial V/\partial n_i]_{T,p,x}$,偏摩尔熵 $[\partial S/n_i]_{T,p,x}$,偏摩尔吉布斯自由能 $[\partial G/\partial n_i]_{T,p,x}$,偏摩尔内能 $[\partial U/\partial n_i]_{T,p,x}$,偏摩尔焓 $[\partial H/\partial n_i]_{T,p,x}$ 等,注意:①必须是在等温等压下;②只有容量性质才有偏摩尔量;③是对物质的量求导。

偏摩尔量的物理含义:它是热力学微小增量与 i 组分物质的量的微小增量之比,是强度量。因偏摩尔量是强度性质,所以其数值只与体系中各组分的浓度有关,而与体系的大小、多少无关。A、B 组成溶液体积是 A、B 偏摩尔体积的加和。$V = n_A V_{A,m} + n_B V_{B,m}$。某偏摩尔量所表示的是:体系中的组分对某热力学性质的贡献。

在多组分体系中,某组分 i 的偏摩尔体积定义为

$$V_{i,\mathrm{m}} = \left(\frac{\partial V}{\partial n_i}\right)_{T,p,n_j(i\neq j)} \tag{2-19}$$

若是二组分体系，则有
$$V_{1,\mathrm{m}} = \left(\frac{\partial V}{\partial n_1}\right)_{T,p,n_2} \tag{2-20}$$

$$V_{2,\mathrm{m}} = \left(\frac{\partial V}{\partial n_2}\right)_{T,p,n_1} \tag{2-21}$$

体系总体积
$$V = n_1 V_{1,\mathrm{m}} + n_2 V_{2,\mathrm{m}} \tag{2-22}$$

将式(2-22)两边同除以溶液质量 m

$$\frac{V}{m} = \frac{m_1}{M_1} \times \frac{V_{1,\mathrm{m}}}{m} + \frac{m_2}{M_2} \times \frac{V_{2,\mathrm{m}}}{m} \tag{2-23}$$

令
$$\frac{V}{m} = \alpha, \frac{V_{1,\mathrm{m}}}{M_1} = \alpha_1, \frac{V_{2,\mathrm{m}}}{M_2} = \alpha_2 \tag{2-24}$$

式中，α 是溶液的比容；α_1、α_2 分别为组分 1、2 的偏质量体积。将式(2-24)代入式(2-23)可得：

$$\alpha = w_1\alpha_1 + w_2\alpha_2 = (1-w_2)\alpha_1 + w_2\alpha_2 \tag{2-25}$$

将式(2-25)对 w_2 微分：

$$\frac{\partial \alpha}{\partial w_2} = -\alpha_1 + \alpha_2,\ 即\ \alpha_2 = \alpha_1 + \frac{\partial \alpha}{\partial w_2} \tag{2-26}$$

将式(2-26)代回式(2-25)，整理得

$$\alpha_1 = \alpha - w_2 \frac{\partial \alpha}{\partial w_2} \tag{2-27}$$

和
$$\alpha_2 = \alpha + w_1 \frac{\partial \alpha}{\partial w_2} \tag{2-28}$$

所以，实验求出不同浓度溶液的比容 α，作 α-w_2 关系图，得曲线 CC'（见图 2-23）。如欲求 M 浓度溶液中各组分的偏摩尔体积，可在 M 点作切线，此切线在两边的截距 AB 和 $A'B'$ 即为 α_1 和 α_2，再由关系式(2-24)就可求出 $V_{1,\mathrm{m}}$ 和 $V_{2,\mathrm{m}}$。

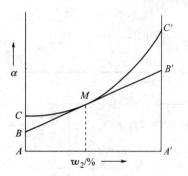

图 2-23 比容-质量分数关系

【仪器和试剂】

恒温槽 1 套；电子天平 1 台；比重瓶（10mL）2 个；磨口三角瓶（50mL）4 个。

无水乙醇（A.R.），纯水。

【实验步骤】

1. 调节恒温槽温度为 (25.0 ± 0.1)℃。

2. 配制溶液　以无水乙醇及纯水为原液，在磨口三角瓶中用电子天平称重，配制质量分数为 0%、20%、40%、60%、80%、100% 的乙醇水溶液，每份溶液的总体积控制在 40mL 左右。配好后盖紧塞子，以防挥发。摇匀后测定每份溶液的密度。

3. 比重瓶体积的标定　用电子天平精确称量两个预先洗净烘干的比重瓶，然后盛满蒸馏水（注意不得存留气泡），置于恒温槽中恒温 10min。用滤纸迅速擦去毛细管膨胀出来的水。取出比重瓶，擦干外壁，迅速称重。

4. 溶液比容的测定　同法测定每份乙醇-水溶液的密度。恒温过程应密切注意毛细管出

口液面,如因挥发液滴消失,可滴加少许被测溶液以防挥发之误。

【注意事项】

1. 实际仅需配制四份溶液,乙醇含量根据称重算得。
2. 为减少挥发,动作要敏捷。每份溶液用两个比重瓶进行平行测定,结果取平均值。
3. 拿比重瓶时应手持其颈部。
4. 实验过程中毛细管里要始终充满液体,注意不得存留气泡。

【数据记录和处理】

见表2-16、表2-17。

室温:_____℃;大气压:_____kPa;实验日期:_____;仪器名称型号:_____。

1. 根据25℃时水的密度和称重结果,求出比重瓶的容积。
2. 计算所配溶液中乙醇的准确质量分数。
3. 计算实验条件下各溶液的比容。
4. 以比容为纵轴、乙醇的质量分数为横轴作曲线,并在30%乙醇处作切线与两侧纵轴相交,即可求得α_1和α_2。
5. 求算含乙醇30%的溶液中各组分的偏摩尔体积及100g该溶液的总体积。

表2-16 偏摩尔体积实验数据记录表(1)

项 目	20%	40%	60%	80%
乙醇质量m_A/g		—		—
水质量m_B/g				
总质量/g				
准确质量分数w/%		—		—

空瓶质量m_0:瓶1 _____ g;瓶2 _____ g;

比重瓶容积V:瓶1 _____ mL;瓶2 _____ mL。

表2-17 偏摩尔体积实验数据记录表(2)

		乙醇溶液					
		0%	20%	40%	60%	80%	100%
瓶+溶液质量m_1/g	瓶1						
	瓶2						
溶液质量(m_1-m_0)/g	瓶1						
	瓶2						
溶液比容α/mL·g^{-1}	瓶1						
	瓶2						
	平均						

【思考与讨论】

1. 使用比重瓶应注意哪些问题?
2. 如何使用比重瓶测量粒状固体物的密度?
3. 为提高溶液密度测量的精度,可作哪些改进?

【附】

1. 25℃时乙醇密度与质量分数之间的关系见表2-18。

表 2-18　25℃时乙醇密度与质量分数之间的关系

$\rho/\text{g·mL}^{-1}$	0.81094	0.80823	0.80549	0.80272	0.79991	0.79706
乙醇 $w/\%$	91.00	92.00	93.00	94.00	95.00	96.00

注：用无水乙醇配制不同浓度的乙醇-水溶液，根据称量结果直接确定其浓度即可。

2. 比重瓶法测定密度

比重瓶如图 2-24 所示，可用于测定液体和固体的密度。

（1）液体密度的测定

① 将比重瓶洗净干燥，称量空瓶的质量 m_0。

② 取下毛细管塞 B，将已知密度 $\rho_1[t(℃)]$ 的液体注满比重瓶。轻轻塞上塞 B，让瓶内液体经由塞 B 毛细管溢出，注意瓶内不得留有气泡，将比重瓶置于温度为 $t(℃)$ 的恒温槽中，使水面浸没瓶颈。

③ 恒温 10min 后，用滤纸迅速吸去塞 B 毛细管口上溢出的液体。将比重瓶从恒温槽中取出（注意只可用手拿瓶颈处）。用吸水纸擦干瓶外壁后称其总质量为 m_1。

图 2-24　比重瓶

④ 用待测液冲洗净比重瓶后（如果待测液与水不互溶时，则用乙醇洗两次后，再用乙醚洗一次后吹干），注满待测液。重复步骤②和③的操作，称得总质量为 m_2。

⑤ 根据以下公式计算待测液的密度 $\rho[t(℃)]$

$$\rho(t)=\frac{m_2-m_0}{m_1-m_0}\rho_1(t)$$

（2）固体密度的测定

① 将比重瓶洗净干燥，称量空瓶的质量 m_0。

② 注入已知密度 $\rho_1[t(℃)]$ 的液体（注意该液体应不溶解待测固体，但能够浸润它）。

③ 将比重瓶置于恒温槽中恒温 10min，用滤纸吸去塞 B 毛细管口溢出的液体。取出比重瓶擦干外壁，称其质量为 m_1。

④ 倒去液体将瓶吹干，装入一定量研细的待测固体（装入量视瓶大小而定），称其质量为 m_2。

⑤ 先向瓶中注入部分已知密度为 $\rho[t(℃)]$ 的液体，将瓶敞口放入真空干燥器内，用真空泵抽气约 10min，将吸附在固体表面的空气全部除去。然后向瓶中注满液体，塞上塞 B。同步骤③恒温 10min 后称其质量为 m_3。

⑥ 根据以下公式计算待测固体的密度 $\rho_s[t(℃)]$。

$$\rho_s(t)=\frac{m_2-m_0}{(m_1-m_0)-(m_3-m_2)}\rho_1(t)$$

实验十二　电导的测定及应用

【目的要求】

1. 了解溶液电导、电导率的基本概念。
2. 学会电导率仪的使用方法。
3. 掌握溶液电导的测定及应用，并计算弱电解质溶液的电离常数及难溶盐溶液的 K_{sp}。

【预习要求】
1. 掌握溶液电导测定中各量之间的关系。
2. 了解电导率仪的测量原理、使用方法和注意事项。

【实验原理】
1. 弱电解质溶液的电离常数的测定

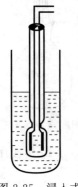

图 2-25 浸入式电导池

AB 型弱电解质在溶液中电离达到平衡时，电离平衡常数 K_c 与原始浓度 c 和电离度 α 有以下关系：

$$K_c = \frac{c\alpha^2}{1-\alpha} \tag{2-29}$$

在一定温度下 K_c 是常数，因此可以通过测定 AB 型弱电解质在不同浓度时的 α，代入式(2-29) 求出 K_c。

醋酸溶液的电离度可用电导法来测定，图 2-25 是用来测定溶液电导的电导池。

将电解质溶液放入电导池内，溶液电导 (G) 的大小与两电极之间的距离 (l) 成反比，与电极的面积 (A) 成正比：

$$G = \kappa \frac{A}{l} \tag{2-30}$$

式中，$\frac{l}{A}$ 为电导池常数，以 K_{cell} 表示；κ 为电导率。其物理意义为：在两平行且相距 1m、面积均为 $1m^2$ 的两电极间，电解质溶液的电导称为该溶液的电导率，其单位以 SI 制表示为 $S \cdot m^{-1}$ (C·G·S 制表示为 $S \cdot cm^{-1}$)。

由于电极的 l 和 A 不易精确测量，因此在实验中是用一种已知电导率值的溶液先求出电导池常数 K_{cell}，然后把欲测溶液放入该电导池测出其电导值，再根据式(2-30) 求出其电导率。

溶液的摩尔电导率是指把含有 1mol 电解质的溶液置于相距为 1m 的两平行板电极之间的电导。以 Λ_m 表示，其单位以 SI 单位制表示为 $S \cdot m^2 \cdot mol^{-1}$ (以 C·G·S 单位制表示为 $S \cdot cm^2 \cdot mol^{-1}$)。

摩尔电导率与电导率的关系：

$$\Lambda_m = \frac{\kappa}{c} \tag{2-31}$$

式中，c 为该溶液的浓度，其单位以 SI 单位制表示为 $mol \cdot m^{-3}$。对于弱电解质溶液来说，可以认为：

$$\alpha = \frac{\Lambda_m}{\Lambda_m^\infty} \tag{2-32}$$

Λ_m^∞ 是溶液在无限稀释时的摩尔电导率。对于强电解质溶液（如 KCl、NaAc），其 Λ_m 和 c 的关系为 $\Lambda_m = \Lambda_m^\infty (1-\beta\sqrt{c})$。对于弱电解质（如 HAc 等），$\Lambda_m$ 和 c 则不是线性关系，故它不能像强电解质溶液那样，从 Λ_m-$\sqrt{c}$ 的图外推至 $c \to 0$ 处求得 Λ_m^∞。但在无限稀释的溶液中，每种离子对电解质的摩尔电导率都有一定的贡献，是独立移动的，不受其他离子的影响，对电解质 $M_{\nu_+} A_{\nu_-}$ 来说，即 $\Lambda_m^\infty = \nu_+ \lambda_{m+}^\infty + \nu_- \lambda_{m-}^\infty$。弱电解质 HAc 的 Λ_m^∞ 可由强电解质 HCl、NaAc 和 NaCl 的 Λ_m^∞ 的代数和求得。

$$\Lambda_m^\infty(\text{HAc}) = \lambda_m^\infty(\text{H}^+) + \lambda_m^\infty(\text{Ac}^-) = \Lambda_m^\infty(\text{HCl}) + \Lambda_m^\infty(\text{NaAc}) - \Lambda_m^\infty(\text{NaCl})$$

把式(2-32)代入式(2-29)式可得：

$$K_c = \frac{c\Lambda_m^2}{\Lambda_m^\infty(\Lambda_m^\infty - \Lambda_m)} \tag{2-33}$$

或

$$c\Lambda_m = (\Lambda_m^\infty)^2 K_c \frac{1}{\Lambda_m} - \Lambda_m^\infty K_c \tag{2-34}$$

以 $c\Lambda_m$ 对 $\frac{1}{\Lambda_m}$ 作图，其直线的斜率为 $(\Lambda_m^\infty)^2 K_c$，如知道 Λ_m^∞ 值，就可算出 K_c。

2. 难溶盐（CaF_2 或 $BaSO_4$）饱和溶液溶度积（K_{sp}）的测定

利用电导法能方便地求出难溶盐的溶解度，进而得到其溶度积值。CaF_2 的溶解平衡可表示为：

$$CaF_2 \rightleftharpoons Ca^{2+} + 2F^-$$

$$K_{sp} = c(Ca^{2+})[c(F^-)]^2 = 4c^3 \tag{2-35}$$

难溶盐的溶解度很小，饱和溶液的浓度则很低，所以式(2-31)中 Λ_m 可以认为就是 Λ_m^∞（盐），c 为饱和溶液中难溶盐的溶解度。

$$\Lambda_m^\infty(\text{盐}) = \frac{\kappa_{\text{盐}}}{c} \tag{2-36}$$

$\kappa_{\text{盐}}$ 是纯难溶盐的电导率。实验中所测定的饱和溶液的电导率值为盐与水的电导率之和。

$$\kappa_{\text{溶液}} = \kappa_{H_2O} + \kappa_{\text{盐}} \tag{2-37}$$

这样，可由测得的难溶盐饱和溶液的电导率利用式(2-37)求出 $\kappa_{\text{盐}}$，再利用式(2-36)求出溶解度，最后求出 K_{sp}。

【仪器和试剂】

电导率仪 1 台；恒温槽 1 套；电导池 1 只；电导电极 1 只；容量瓶（50mL）5 只；移液管（5mL、10mL、25mL）各 1 只；洗瓶 1 只；洗耳球 1 只。

$100.0 \text{mol} \cdot \text{m}^{-3}$ HAc 溶液；CaF_2（或 $BaSO_4$）（A.R.）。

【实验步骤】

1. HAc 电离常数的测定

(1) 在 50mL 容量瓶中配制浓度 $2.00 \text{mol} \cdot \text{m}^{-3}$、$5.00 \text{mol} \cdot \text{m}^{-3}$、$10.0 \text{mol} \cdot \text{m}^{-3}$、$20.0 \text{mol} \cdot \text{m}^{-3}$、$40.0 \text{mol} \cdot \text{m}^{-3}$ 的溶液 5 份（原始醋酸浓度 $100.0 \text{mol} \cdot \text{m}^{-3}$）。

(2) 将恒温槽温度调至 $(25.0 \pm 0.1)\text{℃}$，打开电导率仪的电源预热。

(3) 测定蒸馏水的电导率 用电导水洗净电导池和电导电极，然后注入电导水，恒温后测其电导率值，重复测定三次。低周测量。

(4) 测定 HAc 溶液的电导率 倾去电导池中电导水，将电导池和电导电极用少量待测 HAc 溶液洗涤 2~3 次，最后注入待测 HAc 溶液。恒温后，用电导率仪测其电导率，每种浓度重复测定三次。

按照浓度由小到大的顺序，测定各种不同浓度 HAc 溶液的电导率。

使用铂黑电极，$2.00 \text{mol} \cdot \text{m}^{-3}$、$5.00 \text{mol} \cdot \text{m}^{-3}$ 用低周测量，其余三种溶液用高周测量。

2. 难溶盐饱和溶液溶度积（K_{sp}）的测定

取约 1g CaF_2（或 $BaSO_4$），加入约 80mL 电导水，煮沸 3~5min，静置片刻后倾掉上层清液。再加电导水、煮沸、再倾掉清液，连续进行五次，第四次和第五次的清液放入恒温筒中恒温，分别测其电导（率）。若两次测得的电导（率）值相等，则表明 CaF_2（或 $BaSO_4$）中的杂质已清除干净，清液即为饱和 CaF_2（或 $BaSO_4$）溶液。

实验完毕后仍将电极浸在蒸馏水中。

【注意事项】

1. 实验中温度要恒定，测量必须在同一温度下进行。恒温槽的温度要控制在（25.0±0.1）℃。
2. 每次测定前，都必须将电导电极及电导池洗涤干净，以免影响测定结果。实验完毕后，用蒸馏水洗净电极，并浸在蒸馏水中。

【数据记录和处理】

大气压：_____；室温：_____；实验日期：_____；仪器名称型号：_____；
实验温度：_____；电导池常数 K_{cell}：_____；HAc 原始浓度：_____。

1. 醋酸溶液的电离常数　见表 2-19。

表 2-19　醋酸溶液电离常数的测定数据记录

c/mol·m^{-3}	κ/S·m^{-1}	Λ_m/S·m^2·mol^{-1}	Λ_m^{-1}/S^{-1}·m^{-2}·mol	$c\Lambda_m$/S·m^{-1}	α	K_c/mol·m^{-3}	$\overline{K}_c$/mol·m^{-3}

2. 按公式(2-34) 以 $c\Lambda_m$ 对 $\dfrac{1}{\Lambda_m}$ 作图应得一直线，直线的斜率为 $(\Lambda_m^\infty)^2 K_c$，由此求得 K_c，并与上述结果进行比较。

3. 计算 CaF_2（或 $BaSO_4$）的 K_{sp}　见表 2-20。

表 2-20　难溶盐溶度积的测定数据记录

κ(溶液)/S·m^{-1}	κ(盐)/S·m^{-1}	c/mol·m^{-3}	K_{sp}/mol^3·m^{-9}

【思考与讨论】

1. 测电导率时为什么要恒温？
2. 实验中为何使用铂黑电极？使用时的注意事项有哪些？

【进一步讨论】

1. 电导与温度有关，通常温度升高 1℃，电导平均增加 1.9%，即

$$G_t = G_{25}\left[1 + \dfrac{1.3}{100}(t-25)\right]$$

2. 普通蒸馏水中常含有 CO_2 等杂质，故存在一定电导。因此实验所测的电导值是欲测电解质和水的电导的总和。

3. 铂电极镀铂黑的目的在于减少电极极化，且增加电极的表面积，使测定电导时有较高灵敏度。

实验十三　原电池电动势的测定

【目的要求】

1. 掌握可逆电池电动势的测量原理。

2. 了解盐桥的制备方法及电位差计的使用方法。

3. 加深对原电池、电极电势等概念的理解。

4. 测量下列电池的电动势：

(1) (−)Hg(液)|Hg$_2$Cl$_2$(固)，KCl(饱和)‖AgNO$_3$(0.01mol·L^{-1})|Ag(固)(+)；

(2) (−)Ag(固)|AgCl(固)，KCl(0.1mol·L^{-1})‖AgNO$_3$(0.01mol·L^{-1})|Ag(固)(+)；

(3) (−)Hg(液)|Hg$_2$Cl$_2$(固)，KCl(饱和)‖H$^+$(0.1mol·L^{-1} HAc+0.1mol·L^{-1} NaAc)Q·QH$_2$|Pt(+)。

【预习要求】

1. 了解如何正确使用电位差计、标准电池和检流计。

2. 了解可逆电池、可逆电极、盐桥等概念及其制备。

【实验原理】

凡是能使化学能转变为电能的装置都称之为电池（或原电池）。对一定温度、压力下的可逆电池而言：

$$(\Delta_r G_m)_{T,p} = -nFE$$

式中，F 为法拉第（Farady）常数；n 为电极反应式中电子的计量系数；E 为电池的电动势。

可逆电池应满足如下条件。

① 电池反应可逆，亦即电池电极反应可逆。

② 电池中不允许存在任何不可逆的液接界。

③ 电池必须在可逆的情况下工作，即充放电过程必须在平衡态下进行，亦即允许通过电池的电流为无限小。

因此，在制备可逆电池、测定可逆电池的电动势时应符合上述条件，在精确度不高的测量中，常用正、负离子迁移数比较接近的盐类构成"盐桥"来消除液接电位。用电位差计测量电动势也可满足通过电池电流为无限小的条件。

可逆电池的电动势可看作正、负两个电极的电势之差。设正极电势为 φ_+，负极电势为 φ_-，则 $E = \varphi_+ - \varphi_-$。

电极电势的绝对值无法测定，手册上所列的电极电势均为相对电极电势，即以标准氢电极作为标准（标准氢电极是氢气压力为 101325Pa，溶液中各物质活度为 1mol·L^{-1}，其电极电势规定为零），将标准氢电极与待测电极组成一电池，所测电池电动势就是待测电极的电极电势。由于氢电极使用不便，常用另外一些易制备、电极电势稳定的电极作为参比电极。常用的参比电极有甘汞电极、银-氯化银电极等。这些电极与标准氢电极比较而得的电势已精确测出。

下面以铜锌电池为例，对铜电极可设计电池如下：

$$Zn(s)|ZnSO_4(a_1)‖CuSO_4(a_2)|Cu(s)$$

正极（铜电极）的反应为：$Cu^{2+} + 2e^- \longrightarrow Cu$

负极（锌电极）的反应为：$Zn \longrightarrow Zn^{2+} + 2e^-$

电池反应：$Cu^{2+} + Zn \longrightarrow Zn^{2+} + Cu$

Zn 电极的电极电位为：

$$\varphi_{Zn^{2+}/Zn} = \varphi^{\ominus}_{Zn^{2+}/Zn} - \frac{RT}{2F}\ln\frac{a_{Zn}}{a_{Zn^{2+}}}$$

Cu 电极的电极电位为：

$$\varphi_{Cu^{2+}/Cu} = \varphi^{\ominus}_{Cu^{2+}/Cu} - \frac{RT}{2F} \ln \frac{a_{Cu}}{a_{Cu^{2+}}}$$

所以，Cu-Zn 电池的电池电动势为

$$E = \varphi_{Cu^{2+}/Cu} - \varphi_{Zn^{2+}/Zn}$$

$$= \varphi_{Cu^{2+}/Cu}^{\ominus} - \varphi_{Zn^{2+}/Zn}^{\ominus} - \frac{RT}{2F} \ln \frac{a_{Cu} a_{Zn^{2+}}}{a_{Cu^{2+}} a_{Zn}}$$

$$= E^{\ominus} - \frac{RT}{2F} \ln \frac{a_{Cu} a_{Zn^{2+}}}{a_{Cu^{2+}} a_{Zn}}$$

纯固体的活度为 $1 mol \cdot L^{-1}$，即 $a_{Zn} = a_{Cu} = 1$。

所以，上式变为

$$E = E^{\ominus} - \frac{RT}{2F} \ln \frac{a_{Zn^{2+}}}{a_{Cu^{2+}}}$$

为了计算醋酸与醋酸钠配成的缓冲溶液的 pH 值，可将醋酸的电离数

$$K_a = \frac{a_{H^+} a_{Ac^-}}{a_{HAc}}$$

取对数，按 $pH = -\lg a_{H^+}$，可得到

$$pH = -\lg K_a + \lg \frac{a_{Ac^-}}{a_{HAc}}$$

由于醋酸浓度稀，而且是分子状态，因此可以认为其活度系数为 1，a_{Ac^-} 则可取为相同浓度的 NaAc 的平均活度。已知 $K_a = 1.75 \times 10^{-5}$ 之后，即可按上式计算缓冲溶液的 pH 值，并可计算电池（3）的电动势。

电池的电动势不能用伏特计来直接测量，因为当把伏特计与电池接通后，由于电池的放电，不断发生化学变化，电池中溶液的浓度将不断改变，因而电动势也会发生变化。另一方面，电池本身存在内电阻，所以伏特计所量出的只是两极上的电势降，而不是电池的电动势。只有在没有电流通过时的电势降才是电池真正的电动势。

电位差计是可以利用对消法原理进行电势差测量的仪器，即能在电池无电流（或极小电流）通过时测得其两极的电势差。这时的电势差是电池的电动势。

【仪器和试剂】

电位差计（UJ-25 型）1 台；检流计 1 台；标准电池 1 只；直流稳压电源 1 台；电热套 1 台；甘汞电极、银电极、氯化银电极、铂电极各 1 只；50mL 烧杯 3 只；10mL 移液管 2 支；100mL 烧杯 1 只；滴管 1 只。

$0.01 mol \cdot L^{-1}$ 硝酸银；氢醌固体；$0.2 mol \cdot L^{-1}$ 醋酸；$0.1 mol \cdot L^{-1}$ KCl；KCl 饱和溶液；$0.2 mol \cdot L^{-1}$ 醋酸钠；未知溶液；琼脂（固体）；硝酸钾（A. R.）。

【实验步骤】

1. 盐桥的制备 将 20mL 蒸馏水倒入 50mL 烧杯中，加入 0.2g 琼脂和 2g 硝酸钾，在电热套上加热搅拌，琼脂完全溶解后，稍冷即用滴管注入 U 形管中（管内勿存气泡），待完全冷却后使用。

2. 按电位差计的标记依次连接好线路，根据室温计算各电池的电动势值。

3. 测量电池（1）的电动势　将甘汞电极插入装有约 30mL KCl 饱和溶液的小烧杯中，再把 0.01mol·L^{-1} 的 AgNO$_3$ 溶液（约 20mL）倒入另一小烧杯，插入银电极，用盐桥把两只烧杯连接成电池，电池的两极与电位差计连接（注意极性）。将电位差计上的伏特读数调整到电动势的计算值附近，再精密测量电池的电动势。测量完毕，饱和 KCl 不要倒掉。

4. 测量电池（2）的电动势　将盛有饱和 KCl 的烧杯移开，换一只干净的小烧杯，倒入 0.1mol·L^{-1} KCl 溶液，插入氯化银电极作参考电极，与银电极连成电池，按上法精密测量电池的电动势。

5. 测量电池（3）的电动势　取 10mL 0.2mol·L^{-1} HAc 溶液和 10mL 0.2mol·L^{-1} NaAc 溶液于干净的小烧杯中，加入少量的氢醌粉末，搅拌溶解使其成为饱和溶液，插入光亮铂电极，将电池（1）所用的饱和 KCl 溶液插入甘汞电极，架上盐桥组成电池，测其电动势，并计算电池（3）的 pH 值。

按相同的方法，用饱和 KCl 溶液与未知溶液组成电池，测其电动势。

6. 测量完毕，保留饱和 KCl 溶液，洗净烧杯，盐桥两端用蒸馏水淋洗后，浸入蒸馏水中保存。

【数据记录和处理】

室温：_____℃；大气压：_____kPa；实验日期：_____；
仪器名称及型号：_____。

根据室温计算各电池的电动势和电池（3）缓冲溶液的 pH 值（表 2-21）。

表 2-21　电动势的测定数据记录表

电池号	电极反应	电动势			
		计算值	测量值	计算值	测量值
未知				—	

【思考与讨论】
1. 为什么不能用伏特表直接测量电池的电动势？
2. 补偿法测量电动势的基本原理是什么？
3. 盐桥有什么作用？
4. 在测量电动势过程中，检流计的光点总向一个方向偏转可能是什么原因？

实验十四　氯离子选择性电极的测试及应用

【目的要求】
1. 了解离子选择性电极的基本性能及测试方法。
2. 掌握氯离子选择性电极的使用方法。
3. 掌握标准加入法测定水中氯含量的原理和操作方法。
4. 学会使用酸度计测量电动势。

【预习要求】
1. 了解氯离子选择性电极测定氯离子浓度的基本原理。
2. 了解固定离子强度的意义及方法。
3. 了解酸度计测量直流电压（毫伏）的使用方法。

【实验原理】
使用离子选择性电极，可通过简单的电势测量直接测定溶液中某一离子的活度。该技术广泛应用于海洋、土壤、地质、化工、医学等各个领域中。

1. 试样中氯含量的测定

氯离子选择性电极（图2-26）是由 AgCl 和 Ag_2S 的粉末混合物压制成的敏感膜，当将氯离子选择性电极浸入含 Cl^- 的溶液中，可产生相应的膜电势。

以氯离子选择性电极为指示电极，双液接甘汞电极为参比电极，插入试液中组成工作电池，当氯离子浓度在 $1\sim10^{-4}\ mol \cdot L^{-1}$ 范围内，在一定的条件下，电池电动势与氯离子活度的对数呈线性关系。

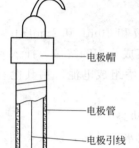

图 2-26　氯离子选择性电极结构示意图

$$E = E^{\ominus} - \frac{RT}{F}\ln a_{Cl^-} \tag{2-38}$$

分析工作中要求测定的是离子的浓度 c_i，由于：

$$a_{Cl^-} = \gamma c_{Cl^-} \tag{2-39}$$

根据路易士经验式：

$$\lg \gamma_{\pm} = -k\sqrt{I} \tag{2-40}$$

其中，I 为离子强度；k 为常数。在测定工作中，只要固定离子强度，则 $\gamma_{\pm}$ 可视作定值，所以式（2-38）可写为：

$$E = E^{\ominus\prime} - \frac{RT}{F}\ln c_{Cl^-} \tag{2-41}$$

由上式可知，E 与 $\ln c_{Cl^-}$ 之间呈线性关系。只要测出不同 c_{Cl^-} 值时的电势值 E，作 E-$\ln c_{Cl^-}$ 图，就可了解电极的性能，并可确定其测量范围。氯离子选择性电极的测量范围约为 $10^{-1}\sim10^{-5}\ mol \cdot L^{-1}$。

2. 氯化铅溶度积的测定

在含有难溶盐 $PbCl_2(s)$ 固体的饱和溶液中，存在着下列平衡反应：

$$PbCl_2(s) \rightleftharpoons Pb^{2+} + 2Cl^-$$

且：

$$[Pb^{2+}] = \frac{[Cl^-]}{2}$$

按溶度积规则：$K_{sp,PbCl_2} = [Pb^{2+}][Cl^-]^2 = \frac{1}{2}[Cl^-][Cl^-]^2 = \frac{1}{2}[Cl^-]^3 \tag{2-42}$

由氯离子选择性电极测得 $PbCl_2$ 饱和溶液中的 $[Cl^-]$ 后，即可求得 $K_{sp,PbCl_2}$。

3. 离子选择性电极的选择性及选择系数

离子选择性电极对待测离子具有特定的响应特性，但其他离子仍可对其产生一定的干扰。电极选择性的好坏，常用选择系数表示。若以 i 和 j 分别代表待测离子及干扰离子，则：

$$E = E_0 \pm \frac{RT}{nF} \ln\left(a_i + k_{ij}a_j^{\frac{Z_i}{Z_j}}\right) \tag{2-43}$$

式中，Z_i 和 Z_j 分别代表 i 和 j 离子的电荷数；k_{ij} 为该电极对 j 离子的选择系数。式中的"—"及"+"分别适用于阴、阳离子选择性电极。

由上式可见，k_{ij} 越小，表示 j 离子对被测离子的干扰越小，也就表示电极的选择性越好。通常把 k_{ij} 值小于 10^{-3} 者认为无明显干扰。

当 $Z_i = Z_j$ 时，测定 k_{ij} 最简单的方法是分别溶液法。就是分别测定在具有相同活度的离子 i 和 j 这两个溶液中该离子选择性电极的电位 E_1 和 E_2，则：

$$E_1 = E^{\ominus} \pm \frac{RT}{nF} \ln(a_i + 0) \tag{2-44}$$

$$E_2 = E^{\ominus} \pm \frac{RT}{nF} \ln(0 + k_{ij}a_j) \tag{2-45}$$

$$\Delta E = E_1 - E_2 = \pm \frac{RT}{nF} \ln k_{ij} \tag{2-46}$$

对于阴离子选择性电极：

$$\ln k_{ij} = \frac{(E_1 - E_2)nF}{RT} \tag{2-47}$$

【仪器和试剂】

酸度计，电磁搅拌器，EDCL型氯离子选择性电极，217型双液接甘汞电极（内盐桥为饱和 KCl 溶液，外盐桥为 $0.1 mol \cdot L^{-1}$ KNO_3 溶液）。

$1.00 mol \cdot L^{-1}$ 氯化钠标准溶液，总离子强度调节缓冲液（TISAB）（由 $NaNO_3$ 加 HNO_3 组成，pH 值为 2~3）。

【实验步骤】

1. 电极性能测试

(1) 电极预处理（活化）将氯离子电极在二次蒸馏水中浸泡一天，再在 $10^{-3} mol \cdot L^{-1}$ KCl 溶液中浸泡一昼夜，洗净备用。

(2) 按图 2-27 配置仪器及连接线路。

(3) 标准溶液配制（氯化钾标准溶液配制）

称取一定质量干燥的分析纯 KCl，用 $10^{-1} mol \cdot L^{-1}$ KNO_3 溶液配制成 $10^{-1} mol \cdot L^{-1}$ 的 KCl 标准液，再将 $10^{-1} mol \cdot L^{-1}$ 溶液逐级稀释，配得 $1 \times 10^{-1} mol \cdot L^{-1}$、$1 \times 10^{-2} mol \cdot L^{-1}$、$1 \times 10^{-3} mol \cdot L^{-1}$、$1 \times 10^{-4} mol \cdot L^{-1}$、$1 \times 10^{-5} mol \cdot L^{-1}$ 的 KCl 标准液（因其中均含有 $10^{-1} mol \cdot L^{-1}$ KNO_3，可近似地认为保持恒定的离子强度）。

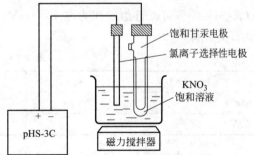

图 2-27 仪器装置示意图

(4) 标准曲线的制作 在烧杯中放入二次蒸馏水，然后将电极插入，在搅拌条件下充分洗涤，读出电势值。更换烧杯中的蒸馏水，直到各次电势值相近，即可进行测试。将电极依次插入 $10^{-5} mol \cdot L^{-1}$、$10^{-4} mol \cdot L^{-1}$、$10^{-3} mol \cdot L^{-1}$、$10^{-2} mol \cdot L^{-1}$ 及 $10^{-1} mol \cdot L^{-1}$ 的溶液中，充分搅拌后读出稳定的电势值。

重复上述操作两次取平均值。

(5) 选择系数的测定 在测试杯中加入 100mL 的 10^{-3} mol·L^{-1} 的 KCl 标准液，测定电势，然后向烧杯中加入 2mL 10^{-1} mol·L^{-1} K$_2$SO$_4$ 溶液，读取电势值，再逐次加入 2mL 10^{-1} mol·L^{-1} K$_2$SO$_4$ 溶液，直到电势值发生显著变化为止。

2. 自来水中氯离子含量的测定 自来水中含有少量氯离子，可用氯离子选择电极测定其含量。

取 50mL 水样，加入 50mL 2×10^{-1} mol·L^{-1} KNO$_3$ 溶液中。水样的离子强度与标准曲线测定时的条件相同。将指示电极与参比电极插入水样中，读取电势值。重复三次，求出电势平均值。

3. 饱和 PbCl$_2$ 溶液平衡电动势的测定 用移液管吸取 10mL PbCl$_2$ 饱和溶液至 100mL 容量瓶中，加入 10mL TISAB，用去离子水稀释至刻度，测定其电位值 E_x，计算 PbCl$_2$ 溶度积。

【数据记录和处理】

见表 2-22、表 2-23。

室温：_____℃；大气压：_____kPa；实验日期：_____；
仪器名称型号：_____。

1. 以标准溶液的 E 对 $\lg c(\text{Cl}^-)$ 作图绘制标准曲线。

表 2-22 数据记录表（1）

$c(\text{Cl}^-)/\text{mol·L}^{-1}$	10^{-1}	10^{-2}	10^{-3}	10^{-4}	10^{-5}
$\lg c(\text{Cl}^-)$					
E/V					

在坐标纸上作出 E-$\lg c(\text{K}_2\text{SO}_4)$ 图，找出图中转折点时的 $c(\text{K}_2\text{SO}_4)$ 值。$c(\text{KCl})/c(\text{K}_2\text{SO}_4)$ 值可以近似地作为在 10^{-3} mol·L^{-1} 条件下的 $K(\text{Cl}^-/\text{SO}_4^{2-})$ 值（精确计算可参见有关资料）。

表 2-23 数据记录表（2）

$c(\text{K}_2\text{SO}_4)/\text{mol·L}^{-1}$	0	2mL 10^{-1}	4mL 10^{-1}	6mL 10^{-1}…
$\lg c(\text{K}_2\text{SO}_4)$				
E/V				

2. 由标准曲线上求得自来水中含有相应的氯离子浓度。

3. 在标准曲线上找出被测试样中氯离子的浓度，换算出试样中氯离子的总含量，以 mg·L^{-1} 表示，并求出饱和 PbCl$_2$ 中 [Cl$^-$]，算出 $K_{\text{sp,PbCl}_2}$。

【思考与讨论】

1. 测量时为何要选择使用双盐桥的甘汞电极作参比电极？
2. 测量前为何要进行温度补偿？
3. 溶液中加入 NH$_4$NO$_3$-HNO$_3$ 混合溶液的作用是什么？

【注意事项】

1. 氯离子选择性电极在使用前应在 10^{-3} mol·L^{-1} NaCl 溶液中浸泡活化 1h，再用去离子水反复清洗至空白电势值达 -260mV 以上方可使用，这样可缩短电极响应时间并改善线性关系；电极响应膜切勿用手指或尖硬的东西碰划，以免沾上油污或损坏，影响测定；使用后立即用去离子水反复冲洗，以延长电极使用寿命。

2. 双液接甘汞电极在使用前应拔去加在 KCl 溶液小孔处的橡皮塞，以保持足够的液压差，并检查 KCl 溶液是否足够；由于测定的是 Cl^-，为防止电极中的 Cl^- 渗入被测液而影响测定，需要加 $0.1mol \cdot L^{-1} KNO_3$ 溶液作为外盐桥。由于 Cl^- 不断渗入外盐桥，所以外盐桥内的 KNO_3 溶液不能长期使用，应在每次实验后将其倒掉洗净，放干，在下次使用时重新加入 $0.1mol \cdot L^{-1} KNO_3$ 溶液。

3. 安装电极时，两支电极不要彼此接触，也不要碰到杯底或杯壁。

4. 每次测试前，需要少量被测液将电极与烧杯淋洗三次。

实验十五　蔗糖水解速率常数的测定

【目的要求】
1. 根据物质的光学性质研究蔗糖水解反应，测定其反应速率常数。
2. 了解旋光仪的构造和测量原理，掌握其使用方法。

【预习要求】
1. 了解动力学实验的测量原理。
2. 了解旋光仪的构造、原理、使用方法和注意事项。

【实验原理】
蔗糖水解的反应方程式为

$$C_{12}H_{22}O_{11} + H_2O \xrightarrow{H^+} C_6H_{12}O_6 + C_6H_{12}O_6$$
$$\text{蔗糖} \qquad\qquad\qquad \text{葡萄糖} \quad \text{果糖}$$

为使水解反应加速，反应常常以 H^+ 为催化剂，故在酸性介质中进行，本实验采用 $3mol \cdot L^{-1} HCl$。这个反应本是二级反应，但由于有大量水存在，虽然有部分水分子参加了反应，但与溶质（蔗糖）浓度相比，可以认为它的浓度没有改变。因此，在一定的酸度下，反应速度只与蔗糖的浓度有关，所以该反应可视为一级反应（动力学中称为准一级反应）。反应的动力学方程为：

$$-\frac{dc}{dt} = kc \tag{2-48}$$

式中，k 为反应速率常数；c 为时间 t 时的反应物浓度。

将式(2-49)积分得：

$$\ln c = -kt + \ln c_0 \tag{2-49}$$

式中，c_0 为反应物的初始浓度。

当 $c = 1/2 c_0$ 时，t 可用 $t_{1/2}$ 表示，即为反应的半衰期。由式(2-49)可得：

$$t_{1/2} = \frac{\ln 2}{k} = \frac{0.693}{k} \tag{2-50}$$

蔗糖及水解产物均为旋光性物质。但它们的旋光能力不同，反应物蔗糖是右旋性物质，其比旋光度为 $66.6°$。产物中葡萄糖也是右旋性物质，其比旋光度为 $52.5°$；而产物中的果糖则是左旋性物质，其比旋光度为 $-91.9°$。可以利用体系在反应过程中旋光度的变化来衡量反应的进程。溶液的旋光度与溶液中所含旋光物质的种类、浓度、溶剂的性质、液层厚度、光源波长及温度等因素有关。

为了比较各种物质的旋光能力,引入比旋光度的概念。比旋光度可用下式表示:

$$[\alpha]_D^t = \frac{\alpha}{lc} \tag{2-51}$$

式中,t 为实验温度,℃;D 为光源波长;α 为旋光度;l 为液层厚度,m;c 为浓度,kg·m^{-3}。由式(2-51)可知,当其他条件不变时,旋光度 α 与浓度 c 成正比。即:

$$\alpha = Kc \tag{2-52}$$

式中的 K 是一个与物质旋光能力、液层厚度、溶剂性质、光源波长、温度等因素有关的常数。

在蔗糖的水解反应中,随着水解反应的进行,右旋角不断减小,最后经过零点变成左旋。旋光度与浓度成正比,并且溶液的旋光度为各组成的旋光度之和。若反应时间为 0、t、∞ 时溶液的旋光度分别用 α_0、α_t、α_∞ 表示。则:

$$\alpha_0 = K_反 c_0 \text{(表示蔗糖未转化)} \tag{2-53}$$

$$\alpha_\infty = K_生 c_0 \text{(表示蔗糖已完全转化)} \tag{2-54}$$

式(2-53)、式(2-54)中的 $K_反$ 和 $K_生$ 分别为对应反应物与产物之比例常数。

$$\alpha_t = K_反 c + K_生 (c_0 - c) \tag{2-55}$$

由式(2-53)~式(2-55)三式联立可以解得:

$$c_0 = \frac{\alpha_0 - \alpha_\infty}{K_反 - K_生} = K'(\alpha_0 - \alpha_\infty) \tag{2-56}$$

$$c = \frac{\alpha_t - \alpha_\infty}{K_反 - K_生} = K'(\alpha_t - \alpha_\infty) \tag{2-57}$$

将式(2-56)、式(2-57)两式代入式(2-49)即得:

$$\ln(\alpha_t - \alpha_\infty) = -kt + \ln(\alpha_0 - \alpha_\infty) \tag{2-58}$$

由式(2-58)可见,以 $\ln(\alpha_t - \alpha_\infty)$ 对 t 作图为一直线,由该直线的斜率即可求得反应速率常数 k。进而可求得半衰期 $t_{1/2}$。

由于将蔗糖溶解于水中,加入 HCl 后,还得将溶液装入旋光管中,这需要时间,因此无法测定反应开始时的 α_0。实验过程中只能测定反应终了时的 α_∞ 和不同反应时间 t 下的 α_t。但可通过作图求得 α_0。

【仪器和试剂】

旋光仪 1 台;恒温水浴锅 1 台;旋光管 1 套;秒表 1 块;托盘天平 1 台;烧杯 (100mL) 1 个;移液管 (25mL) 2 支;锥形瓶 (100mL 具塞) 2 个。

HCl(3mol·L^{-1}),蔗糖 (A.R.)。

【操作步骤】

1. 旋光仪零点的校正 洗净旋光管,将一端的盖子旋紧,向管中注入蒸馏水,使液体在管口形成凸液面,然后沿管口将玻璃片轻轻推入盖好(注意不要留有气泡)。旋紧管盖,吸干管外的水渍。把旋光管放入旋光仪中,打开光源,调整目镜焦距,使视野清晰。旋转检偏镜,至三分视野明暗度相同为止。记下此次旋光度值,重复三次取其平均值。此为旋光仪的零点。

2. 蔗糖水解过程中不同时间 t 下的 α_t 的测定

(1) 用托盘天平称取 10g 蔗糖,用量筒量取 50mL 蒸馏水,在 100mL 烧杯中配制成水溶液,如有浑浊,需过滤。

(2) 用移液管分别移取 25mL 蔗糖溶液和 25mL 3mol·L^{-1} HCl 置于两个不同的 100mL 具塞锥形瓶中。

(3) 将 HCl 迅速倒入蔗糖溶液中,充分振荡使之混合均匀。加入 HCl 的同时开始计时。立即用少量混合液洗旋光管 2 次,将混合液装满旋光管,擦净后立刻置于旋光仪中进行测量。第一个数据应尽快读出,开始时每 3min 测量一次,30min 后每 5min 测量一次。连续测量 1h。

(4) 注意读数的方法。调整好三分视野暗度相同后,立即记下时间 t,而后再读取旋光值。

3. 反应终了时的 α_∞ 的测定 α_∞ 的测定可以将反应液放置 48h 后,在相同温度下测定溶液的旋光度,即为 α_∞ 值。为了缩短时间,可将剩余的混合液于 60℃下恒温 30min 以上,冷回室温后测定其旋光值,即为 α_∞。注意水浴温度不可过高,否则将产生副反应,颜色变黄。加热过程中还应避免溶液蒸发影响浓度,影响 α_∞ 的测定。

酸会腐蚀旋光仪的金属套,因此实验结束后,应立即擦洗旋光仪并清洗旋光管。

【数据记录和处理】

1. 将实验数据记录于表 2-24~表 2-26。

室温:_____℃;大气压:_____Pa;实验日期:_____;仪器名称型号:_____;
实验温度:_____℃;盐酸浓度:_____mol·L^{-1}。

(1) 旋光仪零点的校正

表 2-24 旋光仪零点的校正

项目	1	2	3	平均值
旋光仪零点				

(2) α_t 的测定

表 2-25 α_t 的测定

序号	反应时间 t/min	α_t	$\alpha_t - \alpha_\infty$	$\ln(\alpha_t - \alpha_\infty)$	k

(3) α_∞ 的测定

表 2-26 α_∞ 的测定

项目	1	2	3	平均值
α_∞				

2. 以 $\ln(\alpha_t - \alpha_\infty)$ 对 t 作图得一直线,从直线斜率可求得速率常数 k。

3. 计算蔗糖水解反应的半衰期 $t_{1/2}$。

【思考与讨论】
1. 为什么可以用蒸馏水来校正旋光仪的零点？
2. 在旋光度的测量中，为什么要对零点进行校正？它对旋光度的精确测量有什么影响？在本实验中，若不进行校正，对结果是否有影响？
3. 为什么配制蔗糖溶液可用托盘天平称量？

【注意事项】
1. 三分视野一定要调整正确，且每次都有一样的状态。
2. 每次装管后应将旋光管擦净，以免酸液腐蚀仪器。实验完毕，一定要将旋光管清洗干净。

实验十六　乙酸乙酯皂化反应

【目的要求】
1. 用电导率仪测定乙酸乙酯皂化反应进程中的电导率。
2. 学会用图解法求二级反应的速率常数，并计算该反应的活化能。
3. 熟练使用电导率仪和恒温水浴。

【预习要求】
1. 了解电导法测定化学反应速率常数的原理。
2. 了解如何用图解法求二级反应的速率常数及如何计算反应的活化能。
3. 了解电导率仪和恒温水浴的使用方法及注意事项。

【实验原理】
乙酸乙酯皂化反应是个二级反应，其反应方程式为

$$CH_3COOC_2H_5 + NaOH \longrightarrow CH_3COONa + C_2H_5OH$$

当乙酸乙酯与氢氧化钠溶液的起始浓度相同时，如均为 a，则反应速率表示为

$$\frac{dx}{dt} = k(a-x)^2 \tag{2-59}$$

式中，x 为时间 t 时反应物消耗掉的浓度；k 为反应速率常数。将上式积分得

$$\frac{x}{a(a-x)} = kt \tag{2-60}$$

起始浓度 a 为已知，只要由实验测得不同时间 t 时的 x 值，以 $x/[a(a-x)]$ 对 t 作图，若所得为一直线，证明是二级反应，从直线的斜率求出 k 值。

乙酸乙酯皂化反应中，参加导电的离子有 OH^-、Na^+ 和 CH_3COO^-，由于反应体系是很稀的水溶液，可认为 CH_3COONa 是全部电离的，因此，反应前后 Na^+ 浓度不变的，随着反应的进行，仅仅是导电能力很强的 OH^- 逐渐被导电能力弱的 CH_3COO^- 所取代，致使溶液的电导逐渐减小，因此可用电导率仪测量皂化反应进程中电导率随时间的变化，从而达到跟踪反应物浓度随时间变化的目的。

令 G_0 为 $t=0$ 时溶液的电导，G_t 为时间 t 时混合溶液的电导，G_∞ 为 $t=\infty$（反应完毕）时溶液的电导，则稀溶液中，电导的减少量与 CH_3COO^- 浓度成正比，则

$$t=t \text{ 时}, x=x, x=K(G_0-G_t)$$
$$t=\infty \text{ 时}, x=a, a=K(G_0-G_\infty)$$

由此可得：
$$a-x=K(G_t-G_\infty)$$

所以 $a-x$ 和 x 可以用溶液相应的电导率表示，将其代入式(2-60)得：

$$\frac{1}{a}\times\frac{G_0-G_t}{G_t-G_\infty}=kt$$

重新排列得：

$$G_t=\frac{1}{ak}\times\frac{G_0-G_t}{t}+G_\infty \tag{2-61}$$

因此，只要测不同时间溶液的电导值 G_t 和起始溶液的电导值 G_0，然后以 G_t 对 $(G_0-G_t)/t$ 作图应得一直线，直线的斜率为 $1/(ak)$，由此便求出某温度下的反应速率常数 k 值。将电导与电导率 κ 的关系式 $G=\kappa A/l$ 代入式(2-61) 得：

$$\kappa_t=\frac{1}{ak}\times\frac{\kappa_0-\kappa_t}{t}+\kappa_\infty \tag{2-62}$$

通过实验测定不同时间溶液的电导率 κ_t 和起始溶液的电导率 κ_0，以 κ_t 对 $(\kappa_0-\kappa_t)/t$ 作图，也得一直线，从直线的斜率也可求出反应速率数 k 值。

如果知道不同温度下的反应速率常数 $k(T_2)$ 和 $k(T_1)$，根据 Arrhenius 公式，可计算出该反应的活化能 E：

$$\ln\frac{k(T_2)}{k(T_1)}=\frac{E}{R}\left(\frac{1}{T_1}-\frac{1}{T_2}\right) \tag{2-63}$$

【仪器和试剂】

电导率仪 1 台；电导池 1 只；恒温水浴 1 套；停表 1 支；移液管（50mL，3 支；1mL，1 支）；容量瓶（250mL，1 只）；磨口三角瓶（200mL，5 只）。

NaOH（$0.0200\text{mol}\cdot\text{L}^{-1}$）；乙酸乙酯（A.R.）；电导水。

【实验步骤】

1. 配制乙酸乙酯溶液　准确配制与 NaOH 浓度（约 $0.0200\text{mol}\cdot\text{L}^{-1}$）相等的乙酸乙酯溶液。其方法是：根据室温下乙酸乙酯的密度，计算出配制 250mL $0.0200\text{mol}\cdot\text{L}^{-1}$ 的乙酸乙酯水溶液所需的乙酸乙酯的体积 V，然后用 1mL 移液管吸取 V mL 乙酸乙酯注入 250mL 容量瓶中，稀释至刻度即可。

2. 调节恒温槽　将恒温槽的温度调至 (30.0±0.1)℃ [或(40.0±0.1)℃]。

3. 调节电导率仪　电导率仪的使用见前述。

4. 溶液起始电导率 κ_0 的测定　在干燥的 200mL 磨口三角瓶中，用移液管加入 50mL $0.0200\text{mol}\cdot\text{L}^{-1}$ 的 NaOH 溶液和同量的电导水，混合均匀后，倒出少量溶液洗涤电导池和电极，然后将剩余溶液倒入电导池（盖过电极上沿并超出约 1cm），恒温约 15min，并轻轻摇动数次，然后将电极插入溶液，测定溶液电导率，直至不变为止，此数值即为 κ_0。测定三次，取平均值。测定完的溶液盖好备用。

5. 反应时电导率 κ_t 的测定　先洗净烘干皂化池（图 2-28），然后分别用移液管取 15mL $0.0200\text{mol}\cdot\text{L}^{-1}$ 的 $CH_3COOC_2H_5$ 装入 A 管和 15mL $0.0200\text{mol}\cdot\text{L}^{-1}$ 的 NaOH 装入 B 管，在 B 管中插入电导电极。置皂化池于恒温槽中，待恒温 15min，从 A 管口鼓气使 A 溶液进入 B 中，当进入一半时，

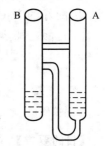

图 2-28　皂化池

按下停表开始记录反应时间,待溶液全部进入 B 后,继续鼓气 5 次使两溶液混合均匀。并立即开始测量其电导率值,记录时间 t 及电导率 κ 值。继续在 4min、6min、8min、10min、12min、15min、20min、25min、30min、35min、40min 各测电导率一次,记下 κ_t 和对应的时间 t。

6. 另一温度(40℃)下 κ_0 和 κ_t 的测定 调节恒温槽温度为 (40.0±0.1)℃。重复上述 4、5 步骤,测定另一温度下的 κ_0 和 κ_t。但在测定 κ_t 时,按反应进行 4min、6min、8min、10min、12min、15min、18min、21min、24min、27min、30min 测其电导率。实验结束后,关闭电源,取出电极,用电导水洗净并置于电导水中保存待用。

【数据记录和处理】

1. 实验数据记录 见表 2-27、表 2-28。

室温:_____℃;气压:_____kPa;实验日期:_____;仪器名称型号:_____;κ_0(30℃)_____;κ_0(40℃)_____。

溶液温度:30℃

表 2-27 乙酸乙酯皂化实验数据记录表(1)

序 号	t/min	κ_t	$\kappa_0 - \kappa_t$	$(\kappa_0 - \kappa_t)/t$

溶液温度:40℃

表 2-28 乙酸乙酯皂化实验数据记录表(2)

序 号	t/min	κ_t	$\kappa_0 - \kappa_t$	$(\kappa_0 - \kappa_t)/t$

2. 以两个温度下的 κ_t 对 $(\kappa_0 - \kappa_t)/t$ 作图,分别得一直线,由直线的斜率计算两温度下的速率常数 k。

3. 由两温度下的速率常数,按 Arrhenius 公式,计算乙酸乙酯皂化反应的活化能。

【思考与讨论】

1. 为什么由 $0.0100 mol \cdot L^{-1}$ 的 NaOH 溶液测得的电导率就可认为是 κ_0?
2. 该实验用电导率法测定的依据是什么?如果 NaOH 和 $CH_3COOC_2H_5$ 溶液为浓溶液时,能否用此法求 k 值,为什么?
3. 使用电导率仪时为什么先要选择量程,怎样选择?
4. 清洗铂黑电极时应注意些什么?
5. 如何直接测量两温度下反应的 κ_∞?

【注意事项】

1. 本实验需用电导水,并避免接触空气及灰尘杂质落入。
2. 配好的 NaOH 溶液要防止空气中的 CO_2 气体进入。
3. 乙酸乙酯溶液和 NaOH 溶液浓度必须相同。

实验十七 丙酮碘化

【目的要求】

1. 测定用酸作催化剂时丙酮碘化反应的反应级数、活化能。

2. 初步认识复杂反应机理，了解复杂反应的表观速率常数的求算方法。
3. 进一步掌握分光光度计的使用方法。

【预习要求】

1. 了解丙酮碘化反应的机理及动力学方程式。
2. 明确所测物理量（透光率）与该反应速率常数之间的关系。
3. 了解分光光度计的结构，掌握其使用方法。

【实验原理】

酸催化的丙酮碘化反应是一个复杂反应，在反应的初始阶段，反应为：

$$CH_3-\underset{\underset{A}{}}{\overset{O}{\overset{\|}{C}}}-CH_3 + I_2 \xrightarrow{H^+} CH_3-\underset{\underset{E}{}}{\overset{O}{\overset{\|}{C}}}-CH_2I + H^+ + I^-$$

一般认为该反应是按以下两步进行：

$$CH_3-\underset{\underset{A}{}}{\overset{O}{\overset{\|}{C}}}-CH_3 \underset{}{\overset{H^+}{\rightleftharpoons}} CH_3-\underset{\underset{B}{}}{\overset{OH}{\overset{|}{C}}}=CH_2 \tag{2-64}$$

$$CH_3-\underset{\underset{B}{}}{\overset{OH}{\overset{|}{C}}}=CH_2 + I_2 \longrightarrow CH_3-\underset{\underset{E}{}}{\overset{O}{\overset{\|}{C}}}-CH_2I + I^- + H^+ \tag{2-65}$$

反应(2-64)是丙酮的烯醇化反应，它是一个很慢的可逆反应，反应(2-65)是烯醇的碘化反应，它是一个快速且趋于进行到底的反应。因此，丙酮碘化反应的总速率是由丙酮的烯醇化反应的速率决定，丙酮的烯醇化反应的速率取决于丙酮及氢离子的浓度，如果以碘化丙酮浓度的增加来表示丙酮碘化反应的速率，则此反应的动力学方程式可表示为：

$$\frac{dc_E}{dt} = kc_A c_{H^+} \tag{2-66}$$

式中，c_E 为碘化丙酮的浓度；c_{H^+} 为氢离子的浓度；c_A 为丙酮的浓度；k 表示丙酮碘化反应总的速率常数。

由反应(2-65)可知：

$$\frac{dc_E}{dt} = -\frac{dc_{I_2}}{dt} \tag{2-67}$$

因此，如果测得反应过程中各时刻碘的浓度，就可以求出 dc_E/dt。由于碘在可见光区有一个比较宽的吸收带，所以可利用分光光度计来测定丙酮碘化反应过程中碘的浓度，从而求出反应的速率常数。若在反应过程中，丙酮的浓度远大于碘的浓度且催化剂酸的浓度也足够大时，则可把丙酮和酸的浓度看作不变，把式(2-66)代入式(2-67)积分得：

$$c_{I_2} = -kc_A c_{H^+} t + B \tag{2-68}$$

按照朗伯-比耳（Lambert-Beer）定律，某指定波长的光通过碘溶液后的光强为 I，通过蒸馏水后的光强为 I_0，则透光率可表示为：

$$T = I/I_0 \tag{2-69}$$

并且透光率与碘的浓度之间的关系可表示为：

$$\lg T = -\varepsilon d c_{I_2} \tag{2-70}$$

式中，T 为透光率；d 为比色槽的光径长度；ε 是取以 10 为底的对数时的摩尔吸收系数。将式(2-68) 代入式(2-70) 得：

$$\lg T = k\varepsilon d c_A c_{H^+} t + B't \tag{2-71}$$

由 $\lg T$ 对 t 作图可得一直线，直线的斜率为 $k\varepsilon d c_A c_{H^+}$。式中 εd 可通过测定一已知浓度的碘溶液的透光率，由式(2-70) 求得，当 c_A 与 c_{H^+} 浓度已知时，只要测出不同时刻丙酮、酸、碘的混合液对指定波长的透光率，就可以利用式(2-71) 求出反应的总速率常数 k。

由两个或两个以上温度的速率常数，就可以根据阿累尼乌斯（Arrhenius）关系式计算反应的活化能。

$$E_a = \frac{RT_1 T_2}{T_2 - T_1} \ln \frac{k_2}{k_1} \tag{2-72}$$

为了验证上述反应机理，可以进行反应级数的测定。根据总反应方程式，可建立如下关系式：

$$v = \frac{dc_E}{dt} = k c_A^\alpha c_{H^+}^\beta c_{I_2}^\gamma$$

式中，α、β、γ 分别表示丙酮、氢离子和碘的反应级数。若保持氢离子和碘的起始浓度不变，只改变丙酮的起始浓度，分别测定在同一温度下的反应速率，则：

$$\frac{v_2}{v_1} = \left[\frac{c_{A(2)}}{c_{A(1)}}\right]^\alpha \quad , \quad \alpha = \lg\left(\frac{v_2}{v_1}\right) \div \lg\left[\frac{c_{A(2)}}{c_{A(1)}}\right] \tag{2-73}$$

同理可求出 β，γ

$$\beta = \lg\left(\frac{v_4}{v_1}\right) \div \lg\left[\frac{c_{H^+(4)}}{c_{H^+(1)}}\right] \quad , \quad \gamma = \lg\left(\frac{v_3}{v_1}\right) \div \lg\left[\frac{c_{I_2(3)}}{c_{I_2(1)}}\right] \tag{2-74}$$

【仪器和试剂】

可见数字分光光度计（带恒温装置）1 套；水浴锅 1 个；容量瓶（50mL）2 只；超级恒温水浴 1 套；具塞锥形瓶（250mL）1 只；比色皿 4 个（1cm）；移液管（10mL，3 只；5mL，3 只；2mL，1 只；0.5mL，1 只）；秒表 1 块。

碘溶液（含 4% KI）（$0.03 mol \cdot L^{-1}$）；标准盐酸溶液（$1 mol \cdot L^{-1}$）；丙酮溶液（$2 mol \cdot L^{-1}$）。

【实验步骤】

1. 实验准备　超级恒温水浴、水浴锅恒温 [(30.0±0.5)℃]，分光光度计预热 30min。

2. 透光率 100% 校正　分光光度计波长调在 565nm，控制面板上工作状态调在透光率挡。比色皿中装 3/4 蒸馏水，在光路中放好。恒温 10min 后调节蒸馏水的透光率 100%。

3. 求 εd 值　取 $0.03 mol \cdot L^{-1}$ 的碘溶液 5.0mL 注入 50mL 容量瓶中，用二次蒸馏水稀释到刻度（配制成 $0.003 mol \cdot L^{-1}$），摇匀，放置于水浴锅中恒温 10min。取此碘溶液注入恒温比色皿，在 (30.0±0.5)℃ 时，置于光路中，测其透光率，利用式(2-70) 求出 εd 值。

4. 测定丙酮碘化反应的速率常数　取一洗净的 50mL 容量瓶，注入 5mL HCl 溶液和 5mL 碘溶液，置于 (30.0±0.1)℃ 的恒温槽中恒温 10min，再加入恒温好的丙酮 5mL，当加入一半时开始计时，最后用恒温好的蒸馏水稀释至刻度。混合均匀，倒入比色皿中少许，洗涤三次倾出，然后再装入待测液，用擦镜纸擦去残液。置于光路中，于 2min 时测定透光率。以后每隔 2min 读一次透光率直到透光率接近 100% 为止。

5. 测定各反应物的反应级数　各反应物的用量见表 2-29。

表 2-29　丙酮碘化实验数据记录表（1）

编号	2mol·L⁻¹丙酮溶液/mL	0.03mol·L⁻¹碘溶液/mL	1mol·L⁻¹盐酸溶液/mL
1	5	5	5
2	10	5	5
3	5	10	5
4	5	5	2.5

测定方法同上述步骤 4，测试温度为 (30.0±0.1)℃，每隔 2min 读一次透光率直到透光率接近 100% 为止。

【数据记录和处理】

室温：_____℃；大气压：_____kPa；实验日期：_____；
仪器名称型号：_____。

1. 将所测实验数据列表（表 2-30）。

表 2-30　丙酮碘化实验数据记录表（2）

时间组数		2min	4min	6min	8min	12min	14min	16min	18min	20min	22min
1	$T/\%$										
	$-\lg T$										
	c_{I_2}										
2	$T/\%$										
	$-\lg T$										
	c_{I_2}										
3	$T/\%$										
	$-\lg T$										
	c_{I_2}										
4	$T/\%$										
	$-\lg T$										
	c_{I_2}										

2. 由已知碘溶液的浓度和测得的透光率值，计算 εd。

3. 将 c_{I_2} 对时间 t 作图，得一直线，直线的斜率即为反应速率 v。

4. 分别以 c_{I_2}-t 作图，四组数据对应四条直线。求出各直线斜率，即为不同起始浓度时的反应速率，代入式(2-72)～式(2-74)中，可求出 α、β、γ。

【思考与讨论】

1. 影响本实验结果的主要因素是什么？
2. 本实验中，丙酮碘化反应按几级反应处理，为什么？

【注意事项】

1. 温度影响反应速率常数，实验时体系始终要恒温。
2. 混合反应溶液时操作必须迅速准确。
3. 比色皿的位置不得变化。

【进一步讨论】

虽然在反应（2-65）和反应（2-64）中，从表观上看除 I_2 外没有其他物质吸收可见光，但实际上反应体系中却还存在着一个次要反应，即在溶液中存在着 I_2、I^- 和 I_3^- 的平衡：

$$I_2 + I^- \rightleftharpoons I_3^-$$

其中 I_2 和 I_3^- 都吸收可见光。因此反应体系的吸光度不仅取决于 I_2 的浓度，而且与 I_3^- 的浓度有关。根据朗伯-比耳定律知，在含有 I_3^- 和 I_2 的溶液的总吸光度 A 可以表示为 I_3^- 和 I_2 两部分吸光度之和。

$$A = A_{I_2} + A_{I_3^-} = \varepsilon_{I_2} d c_{I_2} + \varepsilon_{I_3^-} d c_{I_3^-}$$

而摩尔吸光系数 ε_{I_2} 和 $\varepsilon_{I_3^-}$ 是入射光波长的函数。在特定条件下，即波长 $\lambda = 565\text{nm}$ 时，$\varepsilon_{I_2} = \varepsilon_{I_3^-}$，所以上式就可变为：

$$A = \varepsilon_{I_2} d (c_{I_2} + c_{I_3^-})$$

也就是说，在 565nm 这一特定的波长条件下，溶液的吸光度 E 与总碘量（I_2 和 I_3^-）成正比。因此常数 εd 就可以由测定已知浓度碘溶液的总吸光度 E 来求出了。所以本实验必须选择工作波长为 565nm。

实验十八 氨基甲酸铵分解反应平衡常数的测定

【目的要求】

1. 熟悉用等压计测定平衡压力的方法。
2. 测定各温度下氨基甲酸铵的分解压力，计算各温度下分解反应的平衡常数 K_p 及有关的热力学函数。

【预习要求】

1. 掌握氨基甲酸铵分解反应平衡常数的计算及其与热力学函数间的关系。
2. 了解氨基甲酸铵的制备方法。
3. 熟悉实验装置图，了解做好实验的关键步骤。

【实验原理】

氨基甲酸铵为白色固体，很不稳定，其分解反应式为：

$$NH_2COONH_4(s) \rightleftharpoons 2NH_3(g) + CO_2(g)$$

该反应为复相反应，在封闭体系中很容易达到平衡，其平衡常数可表示为：

$$K_p^{\ominus} = \left(\frac{p_{NH_3}}{p^{\ominus}}\right)^2 \left(\frac{p_{CO_2}}{p^{\ominus}}\right) \tag{2-75}$$

式中，p_{NH_3}、p_{CO_2} 分别表示平衡时 NH_3 和 CO_2 的分压，其单位为 Pa。

设平衡时总压为 p，由于 1mol $NH_2COONH_4(s)$ 分解能生成 2mol $NH_3(g)$ 和 1mol $CO_2(g)$，又因为固体氨基甲酸铵的蒸气压很小，所以体系的平衡总压就可以看作 p_{CO_2} 与 p_{NH_3} 之和，即：

$$p_{NH_3} = 2p_{CO_2}$$

则：

$$p_{NH_3} = \frac{2}{3}p, \quad p_{CO_2} = \frac{1}{3}p \tag{2-76}$$

式(2-76)代入式(2-75)得：

$$K_p^\ominus = \left(\frac{2p}{3p^\ominus}\right)^2 \left(\frac{p}{3p^\ominus}\right) = \frac{4}{27}\left(\frac{p}{p^\ominus}\right)^3 \tag{2-77}$$

因此，当体系达平衡后，测量其总压 p，即可计算出平衡常数。

温度对平衡常数的影响可用下式表示：

$$\frac{\mathrm{d}\ln K_p^\ominus}{\mathrm{d}T} = \frac{\Delta_r H_m^\ominus}{RT^2} \tag{2-78}$$

式中，T 为热力学温度；$\Delta_r H_m^\ominus$ 为等压反应热效应。

当温度在不大的范围内变化时，$\Delta_r H_m^\ominus$ 可视为常数，由式(2-78)积分得：

$$\ln K_p^\ominus = -\frac{\Delta_r H_m^\ominus}{RT} + C' \tag{2-79}$$

式中，C' 为积分常数。

若以 $\ln K_p^\ominus$ 对 $\frac{1}{T}$ 作图，得一直线，其斜率为 $-\frac{\Delta_r H_m^\ominus}{R}$，由此可求出 $\Delta_r H_m^\ominus$。

氨基甲酸铵分解反应为吸热反应，反应热效应很大，在 25℃时每摩尔固体氨基甲酸铵分解的等压反应热 $\Delta_r H_m^\ominus$ 为 $159\times10^3 \mathrm{J \cdot mol^{-1}}$，所以温度对平衡常数的影响很大，实验中必须严格控制恒温槽的温度，使温度变化小于±0.1℃。

由实验求得某温度下的平衡常数 $K_p^\ominus$ 后，可按下式计算该温度下反应的标准吉布斯自由能变 $\Delta_r G_m^\ominus$。

$$\Delta_r G_m^\ominus = -RT\ln K_p^\ominus \tag{2-80}$$

利用实验温度范围内反应的平均等压热效应 $\Delta_r H_m^\ominus$ 和某温度下的标准吉布斯自由能变 $\Delta_r G_m^\ominus$，可近似计算出该温度下的熵变 $\Delta_r S_m^\ominus$。

$$\Delta_r S_m^\ominus = \frac{\Delta_r H_m^\ominus - \Delta_r G_m^\ominus}{T} \tag{2-81}$$

【仪器和试剂】

实验装置 1 套；真空泵 1 台。

氨基甲酸铵（新制）；硅油或邻苯二甲酸二壬酯。

【实验步骤】

1. 按图 2-29 所示安装实验装置。
2. 检漏　将烘干的小球和玻璃等压计相连，关闭缓冲平衡阀 2，打开进气阀和缓冲平衡阀 1，开动真空泵，当水银压力计汞柱差约为 53kPa（400mmHg 柱），关闭进气阀。检查系统是否漏气，待 10min 后，若压力计读数没有变化，则表示系统不漏气，否则说明漏气，应仔细检查各接口处，直到不漏气为止。
3. 装样品　确信系统不漏气后，使系统与大气相通，然后装入氨基甲酸铵，再用吸管吸取纯净的硅油或邻苯二甲酸二壬酯放入已干燥好的等压计中，装的数量在两小球下 20cm 处，使之形成液封，再按图 2-29 示装好。
4. 测量　调节恒温槽温度为（25.0±0.1）℃。开启真空泵，将系统中的空气排出，约 15min 后关闭平衡阀 1，然后缓缓开启平衡阀 2，将空气慢慢分次放入系统，直至等压计两边液面处于水平时，立即关闭平衡阀 2，若 5min 内两液面保持不变，即可读取压力计读数。

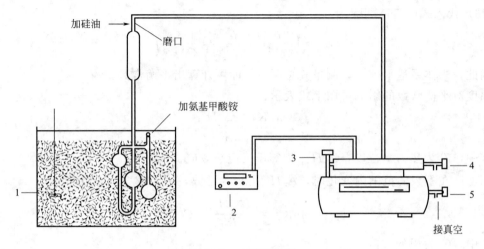

图 2-29 实验装置图
1—恒温水浴；2—真空压力计；3—缓冲平衡阀 1；4—缓冲平衡阀 2；5—进气阀

5. **重复测量** 为了检查小球内的空气是否已排除完全，可重复步骤 4 操作，测定压力差，如果两次测定结果差值小于 270Pa（2mmHg 柱），经指导教师检查后，方可进行下一步实验。

6. **升温测量** 调节恒温槽温度为 (27.0±0.1)℃，在升温过程中小心地开启平衡阀 2，缓缓放入空气，使等压计两边液面水平，保持 5min 不变，即可读取压力差，然后用同样的方法继续测定 30.0℃、32.0℃、35.0℃、37.0℃时的压力差。

7. **复原** 实验完毕，将空气放入系统至压力差为零，切断电源、水源。

【注意事项】

1. 在实验开始前，务必掌握图 2-29 中两个平衡阀的正确操作。
2. 必须充分排净小球内的空气，恒温槽温度控制到 ±0.1℃。
3. 体系必须达平衡后，才能读取 U 形压力计的压力差。

【数据记录和处理】

见表 2-31。

室温：_____℃；大气压：_____kPa；实验日期：_____；仪器名称型号：_____

表 2-31 氨基甲酸铵分解反应实验数据记录表

温度/℃	25.0	27.0	30.0	32.0	35.0	37.0
压力差/kPa						
平衡总压 p						

1. 计算各温度下氨基甲酸铵的分解压。
2. 计算各温度下氨基甲酸铵分解反应的平衡常数 $K_p^{\ominus}$。
3. 根据实验数据，以 $\ln K_p^{\ominus}$ 对 $\dfrac{1}{T}$ 作图，并由直线斜率计算氨基甲酸铵分解反应的 $\Delta_r H_m^{\ominus}$。
4. 计算 25℃时氨基甲酸铵分解反应的 $\Delta_r G_m^{\ominus}$ 及 $\Delta_r S_m^{\ominus}$。

【思考与讨论】

1. 如何检查系统是否漏气？

2. 真空压力计的读数是否是体系的压力？是否代表分解压？
3. 为什么一定要排净小球中的空气？
4. 如何判断氨基甲酸铵分解已达平衡？
5. 在实验装置中安装缓冲瓶的作用是什么？

【附】 氨基甲酸铵的制备

氨基甲酸铵极不稳定，需自制。氨和二氧化碳接触后，即能生成氨基甲酸铵。其反应式为：

$$2NH_3(g) + CO_2(g) \Longrightarrow NH_2COONH_4(s)$$

如果氨和二氧化碳都是干燥的，则生成氨基甲酸铵；在有水存在时，则还会生成$(NH_4)_2CO_3$或NH_4HCO_3，因此在制备时必须保持氨、CO_2及容器都是干燥的，制备氨基甲酸铵的方法如下：

① 制备氨气 氨气可由蒸发氨水或将NH_4Cl和$NaOH$溶液加热得到，这样制得的氨气含有大量水蒸气，应依次经CaO、固体$NaOH$脱水。

② 制备CO_2 CO_2可由大理石（$CaCO_3$）与工业浓HCl在启普发生器中反应制得，气体依次经$CaCl_2$、浓硫酸脱水。

③ 合成反应 在1000mL三口瓶中加入500mL无水乙醇，瓶的一个口接氨气，另一个口接二氧化碳气体，大口装搅拌器和一支废气导管，合成反应保持在0℃（冰盐水中）以下进行。

④ 合成反应开始时，先通入氨气气体于塑料瓶中，约10min后再通入CO_2，当两种气体同时进入时，开始并不产生白色沉淀，约需15min后才出现沉淀，继续通两种气体，直到乙醇中的白色沉淀不再增加为止，约1h即可。

⑤ 反应完毕，立即过滤（用水泵抽滤），用丙酮冲洗两次，压干，放入真空干燥箱中，以固体氧化钙为干燥剂，干燥24h以上，于密封容器内保存备用。

实验十九 B-Z 化学振荡反应

【目的要求】

1. 了解贝洛索夫-恰鲍廷斯基（Belousov-Zhabotinsky）反应（简称B-Z反应）的基本原理，掌握研究化学振荡反应的一般方法。
2. 测定振荡反应的诱导期与振荡周期，计算在实验温度范围内的反应诱导活化能和振荡活化能。

【预习要求】

1. 了解B-Z反应的基本原理。
2. 了解化学振荡反应的基本原理和研究方法。
3. 了解振荡反应的诱导期、振荡周期及表现活化能的测定及计算方法。

【实验原理】

化学振荡是一种周期性的化学现象，即反应系统中某些物理量如组分的浓度随时间做周期性的变化。

早在17世纪，波义耳（Boyle）就曾观察到磷放置在一瓶口松松塞住的烧瓶中时，会发生周期性的闪亮现象。1921年，勃雷（W.C.Bray）在一次偶然的机会发现H_2O_2与KIO_3在硫酸稀溶液中反应时，释放出O_2的速率以及I_2的浓度会随时间周期变化。最著名的化学振荡反应是1959年首先由贝洛索夫（Belousov）观察发现，随后恰鲍廷斯基（Zhabotinski）继续了该反应的研究。他们报道了以金属铈离子作催化剂时，柠檬酸被$HBrO_3$氧化可发生化学振荡现象，后来又发现了一批溴酸盐的类似反应，人们把这类反应称为B-Z振荡反应。例如丙二酸在溶有硫酸铈的酸性溶液中被溴酸钾氧化的反应就是一个典型的B-Z振荡反应（图2-30）。

$$3H^+ + 3BrO_3^- + 5CH_2(COOH)_2 \xrightarrow{Ce^{3+}} 3BrCH(COOH)_2 + 4CO_2 + 5H_2O + 2HCOOH$$

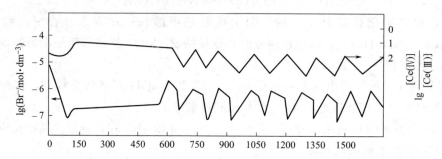

图2-30 B-Z振荡反应中[Br^-]及[$Ce(IV)$]/[$Ce(III)$]周期变化图

对于以B-Z反应为代表的化学振荡现象，目前被普遍认同的是Field、Kooros和Noyes在1972年提出的FKN机理，他们提出了该反应由三个主过程组成。

过程A　　　　　　①$BrO_3^- + Br^- + 2H^+ \longrightarrow HBrO_2 + HOBr$
　　　　　　　　②$HBrO_2 + Br^- + H^+ \longrightarrow 2HOBr$

其中$HBrO_2$为中间体，过程特点是大量消耗Br^-。反应中产生的HOBr能进一步反应，使有机物MA如丙二酸按下式被溴化为BrMA。

(A1) $HOBr + Br^- + H^+ \longrightarrow Br_2 + H_2O$

(A2) $Br_2 + MA \longrightarrow BrMA + Br^-$

过程B　　　　　　③$BrO_3^- + HBrO_2 + H^+ \xrightarrow{k_3} 2Br\dot{O}_2 + H_2O$
　　　　　　　　④$Br\dot{O}_2 + Ce^{3+} + H \longrightarrow HBrO_2 + Ce^{4+}$

这是一个自催化过程，在Br^-消耗到一定程度后，$HBrO_2$才转化到按以上③、④两式进行反应，并使反应不断加速，与此同时，催化剂Ce^{3+}氧化为Ce^{4+}。在过程B的③和④中，③的正反应是速率控制步骤。此外，$HBrO_2$的累积还受到下面歧化反应的制约。

⑤$2HBrO_2 \longrightarrow BrO_3^- + HOBr + H^+$

过程C　MA和BrMA使Ce^{4+}还原为Ce^{3+}，并产生Br^-（由BrMA）和其他产物。这一过程目前了解得还不够，反应可大致表达为：

⑥$2Ce^{4+} + MA + BrMA \longrightarrow Br^- + 2Ce^{3+} + $其他产物

过程C对化学振荡非常重要。如果只有A和B，那就是一般的自催化反应或时钟反应，进行一次就完成。正是由于过程C，以有机物MA的消耗为代价，重新得到Br^-和Ce^{3+}，反应得以重新启动，形成周期性的振荡。

化学振荡体系的振荡现象可以通过多种方法观察，如观察溶液颜色的变化，测定电势随时间的变化等。

本实验体系中有两种离子（Br^-和Ce^{3+}）的浓度发生周期性的变化，其变化的过程实际上均为氧化还原反应，因而可以设计成电极反应，而电极电势的大小与产生氧化还原物质的浓度有关。故可以以甘汞电极为参比电极，选用 Br^- 选择性电极（测定 Br^- 浓度的变化）和氧化还原电极（Ce^{3+}，Ce^{4+}/Pt 电极，可测定 Ce^{3+} 浓度的变化）构成电池，测定反应过程中电池电动势的变化，以表征两种离子（Br^- 和 Ce^{3+}）的浓度变化。

本实验采用饱和甘汞电极为参比电极，铂电极为导电电极，与溶液中的 Ce^{3+}/Ce^{4+} 构成氧化还原电极，此时：

$$\varphi_{Ce^{3+}/Ce^{4+}} = \varphi^{\ominus} - \frac{RT}{ZF} \ln \frac{[Ce^{3+}]}{[Ce^{4+}]} \tag{2-82}$$

所构成电池的电动势

$$E = \varphi_{Ce^{3+}/Ce^{4+}} - \varphi_{甘汞} \tag{2-83}$$

记录电池电动势（E）随时间（t）的变化的 E-t 曲线，观察 B-Z 振荡反应。测定不同温度下的诱导时间 $t_{诱}$ 和振荡周期 $t_{振}$，进而研究温度对振荡过程的影响。

由文献可知，诱导时间 $t_{诱}$ 和振荡周期 $t_{振}$ 与其相应的活化能之间存在如下关系：

$$\ln \frac{1}{t_{诱}} = -\frac{E_{诱}}{RT} + C \tag{2-84}$$

$$\ln \frac{1}{t_{振}} = -\frac{E_{振}}{RT} + C \tag{2-85}$$

分别以 $\ln \frac{1}{t_{诱}}$、$\ln \frac{1}{t_{振}}$ 对 $\frac{1}{T}$ 作图，可得直线，直线斜率 K 为：

$$K = -\frac{E}{R} \tag{2-86}$$

由式（2-86）可以计算诱导活化能 $E_{诱}$ 和振荡活化能 $E_{振}$。

本实验通过计算机在线检测，利用程序处理数据、打印图形，并自动得到直线斜率。

B-Z 反应的催化剂除了用 Ce^{3+}/Ce^{4+} 外，还常用 $Ph\text{-}Fe^{2+}/Ph\text{-}Fe^{3+}$（Ph 代表苯基）。B-Z 反应除有图 2-30 所示的典型振荡曲线外，还有许多有趣的现象。如在培养皿中加入一定量的溴酸钾、溴化钾、硫酸、丙二酸，待有 Br_2 产生并消失后，加入一定量的 Fe^{2+} 邻菲啰啉试剂（试亚铁灵），半小时后红色溶液会呈现蓝色靶环的图样。

【仪器和试剂】

SYC-15B 超级恒温水浴 1 台；ZD-BZ 振荡实验装置 1 台；计算机 1 台；恒温反应器 1 只；213 型铂电极 1 只；双盐桥甘汞电极 1 只。

$0.45mol \cdot L^{-1}$ $CH_2(COOH)_2$（丙二酸）、$3.00mol \cdot L^{-1}$ H_2SO_4（硫酸）、$0.25mol \cdot L^{-1}$ $KBrO_3$（溴酸钾）、$0.004mol \cdot L^{-1}$ $Ce(NH_4)_2(NO_3)_6$（硝酸铈铵）。

【实验步骤】

1. 先打开 B-Z 振荡实验装置，再打开计算机，启动程序，设置通信口，将超级恒温水浴调至 25℃±0.1℃，待温度稳定后接通循环水。按规定浓度配制丙二酸和溴酸钾溶液各 100mL。

2. 将红、黑两测试线按"红"＋、"黑"－接入被测线压输入口。按图 2-31 连接好仪器，在洁净、干燥的反应器中加入上述浓度的丙二酸、硫酸、溴酸钾溶液各 10mL。将磁子放入反应器，调节转速使之匀速转动。

3. 选择电压量程为 2V，将测试线两端短接，按下"采零"键，清零后将红端接铂电极，黑端接双盐桥电极。

4. 恒温 5min 后，点击"数据通讯"—"开始绘图"，待基线走稳后，加入硫酸铈铵溶

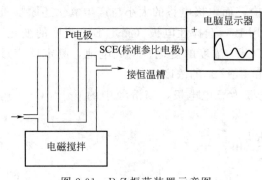

图 2-31　B-Z 振荡装置示意图

液 10mL，观察溶液的颜色变化，同时观测相应的电势变化。

5. 待测出 5～6 个均匀的振荡后即可停止实验，保存数据。清屏后继续下一温度。

6. 用上述方法将温度设置为 30℃、35℃、40℃、45℃、50℃，重复实验。

*7. 按上述配方，将丙二酸、硫酸、溴酸钾溶液混合均匀后停止搅拌，小心加入 10mL 硫酸铈铵溶液，观察并记录现象。

*8. 观察 $NaBr$-$NaBrO_3$-H_2SO_4 体系加入试亚铁灵溶液后的颜色变化及时空有序现象。

（1）配制三种溶液 a、b、c。

a. 取 3mL 浓硫酸稀释在 134mL 水中，加入 10g 溴酸钠溶解。

b. 取 1g 溴化钠溶在 10mL 水中。

c. 取丙二酸 2g 溶解在 20mL 水中。

（2）在一个小烧杯中，先加入 6mL 溶液 a，再加入 0.5mL 溶液 b，再加入 1mL 溶液 c，几分钟后，溶液呈无色，再加入 1mL 0.025mol·L^{-1} 的试亚铁灵溶液充分混合。

（3）把溶液注入一个直径为 9cm 的培养皿中（清洁、干净），加上盖，此时溶液呈均匀红色。几分钟后，溶液出现蓝色，并成环状向外扩展，形成各种同心圆状花纹。

【数据记录与处理】

1. 实验结束后在数据处理窗口依次调出保存过的实验数据，根据提示测定活化能参数 $t_诱$ 和 $t_{1振}$。

2. 以 $[-\ln(1/t_诱)]$-$1/T$ 和 $[-\ln(1/t_{1振})]$-$1/T$ 作图，并给出直线的斜率。

3. 由直线斜率求出表观活化能 $E_诱$、$E_振$。

*4. 讨论实验步骤 7 观察到的现象，分析没有搅拌时形成空间图案的原因，分析搅拌所起的作用。

【思考题】

1. 其他卤素离子（如 Cl^-，I^-）都很易和 $HBrO_2$ 反应，如果在振荡反应的开始或中间加入这些离子，将会出现什么现象？试用 FKN 机理加以分析。

2. 影响诱导期和振荡周期的主要因素有哪些？

3. 本实验记录的电势代表什么含义？

【注意事项】

1. 反应的振荡周期随温度有较大变化，应调整坐标系，使曲线的大小和位置适当。

2. 搅拌速度过快会影响振荡曲线的波形，应适当加以调整。

【进一步讨论】

1. 本实验中各个组分的混合顺序对系统的振荡行为有影响，因此实验中应固定混合顺序，先加入丙二酸、硫酸、溴酸钾，最后加入硝酸铈铵。振荡周期除受温度影响之外，还可能与各反应物的浓度有关。

2. 化学振荡反应自 20 世纪 50 年代发现以来，在各方面的应用日益广泛，尤其在分析化学中的应用较多。当体系中存在浓度振荡时，其振荡频率与催化剂浓度间存在依赖关系，据此可测定作为催化剂的某些金属离子的浓度,如 10^{-4} mol·L^{-1} Ce(Ⅲ)、10^{-5} mol·L^{-1} Mn(Ⅱ)、10^{-6} mol·L^{-1} [Fe(phen)$_3$]$^{2+}$ 等。

此外,应用化学振荡还可测定阻抑剂。当向体系中加入能有效地结合振荡反应中的一种或几种关键物质的化合物时,可以观察到振荡体系的各种异常行为,如振荡停止、在一定时间内抑制振荡的出现、改变振荡特征(频率、振幅、形式)等。而其中某些参数与阻抑剂浓度间存在线性关系,据此可测定各种阻抑剂。另外,生物体系中也存在着各种振荡现象,如糖酵解是一个在多种酶作用下的生物化学振荡反应。通过葡萄糖对化学振荡反应影响的研究,可以检测糖尿病患者的尿液,就是其中的一个应用实例。

实验二十　溶液表面张力的测定

【目的要求】

1. 了解表面自由能、表面张力的意义及表面张力与吸附的关系。
2. 掌握最大气泡法测定表面张力的原理和技术。
3. 通过测定不同浓度乙醇水溶液的表面张力,计算吉布斯表面吸附量。

【预习要求】

1. 了解表面张力的意义及最大气泡法测定表面张力的原理。
2. 了解表面张力仪的使用方法及注意事项。

【实验原理】

在液体的内部,任何分子周围的吸引力都是平衡的。可是在液体表面层的分子却不相同。因为表面层的分子,一方面受到液体内层的邻近分子的吸引,另一方面受到液面外部气体分子的吸引,而且前者的作用要比后者大。因此在液体表面层中,每个分子都受到垂直于液面并指向液体内部的不平衡力(如图 2-32 所示)。

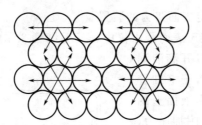

图 2-32　分子间作用力示意图

这种吸引力使表面上的分子向内挤,促成液体的最小面积。要使液体的表面积增大,就必须要反抗分子的内向力而做功增加分子的位能。所以说分子在表面层比在液体内部有较大的位能,这位能就是表面自由能。通常把增大 1 m^2 表面所需的最大功 A 或增大 1 m^2 所引起的表面自由能的变化值 ΔG 称为单位表面的表面能,其单位为 J·m^{-3}。而把液体限制其表面及力图使它收缩的单位直线长度上所作用的力,称为表面张力,其单位是 N·m^{-1}。

液体单位表面的表面能和它的表面张力在数值上是相等的。欲使液体表面积增加 ΔS 时,所消耗的可逆功 A 为:

$$-A = \Delta G = \sigma \Delta S \tag{2-87}$$

液体的表面张力与温度有关,温度愈高,表面张力愈小。到达临界温度时,液体与气体不分，表面张力趋近于零。液体的表面张力也与液体的纯度有关。在纯净的液体（溶剂）中如果掺进杂质（溶质），表面张力就要发生变化，其变化的大小决定于溶质的本性和加入量的多少。当加入溶质后，溶剂的表面张力要发生变化。根据能量最低原理，若溶质能降低溶剂的表面张力，则表面层溶质的浓度应比溶液内部的浓度大；如果所加溶质能使溶剂的表面张力增加，那么，表面层溶质的浓度应比内部低，这种现象称为溶液的表面吸附。用吉布斯公式（Gibbs）表示：

$$\Gamma = -\frac{c}{RT}\left(\frac{d\sigma}{dc}\right)_T \tag{2-88}$$

式中，Γ 为表面吸附量，$mol·m^{-2}$；σ 为表面张力，$N·m^{-1}$；T 为热力学温度，K；c 为溶液浓度，$mol·L^{-1}$；$\left(\frac{d\sigma}{dc}\right)_T$ 表示在一定温度下表面张力随浓度的改变率。

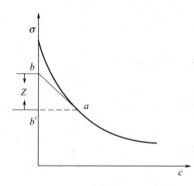

图 2-33　表面张力和浓度关系图

如图 2-33 所示，$\left(\frac{d\sigma}{dc}\right)_T < 0$，$\Gamma > 0$，溶质能降低溶剂的表面张力，溶液表面层的浓度大于内部的浓度，称为正吸附作用。

$\left(\frac{d\sigma}{dc}\right)_T > 0$，$\Gamma < 0$，溶质能增加溶剂的表面张力，溶液表面层的浓度小于内部的浓度，称为负吸附作用。

在溶剂中，加入少量物质就能使表面张力降低的，该物质称为表面活性物质。工业及日常生活中广泛应用的去污粉、乳化剂、润湿剂、渗透剂、起泡剂等都是表面活性物质，它们的主要作用发生在界面上，对这些物质的表面效应及溶液表面吸附研究是很有现实意义的。

本实验采用最大气泡法测定乙醇水溶液的表面张力，并通过测定乙醇水溶液的浓度，由式(2-88)求得吸附量 Γ。

图 2-34 是最大气泡法测定表面张力的装置。

将待测表面张力的液体装于表面张力仪中，使毛细管 3 端面与液面相切，此时液面即沿着毛细管上升至一定高度。打开滴液漏斗的活塞缓慢抽气。此时，由于毛细管液面所受压力大于支管试管中液面上的压力（即有一压力差产生——附加压力，$\Delta p = p_{大气} - p_{系统}$），当在毛细管端面上产生的作用力稍大于毛细管口液体的表面张力时，毛细管液面会不断下降，气泡就从毛细管口被压出，如图 2-35 所示。这个最大的压力差 p 可以从 U 形压力差计 5 中液柱差上读出。

设毛细管半径为 r，当气泡由这个最大压力差而被压出时受到向下的作用力为 $\pi r^2 p_{最大}$。

$$p_{最大} = p_{大气} - p_{系统} = \Delta h \rho g \tag{2-89}$$

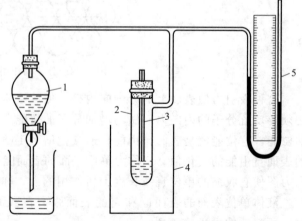

图 2-34　最大气泡法测定表面张力装置
1—抽气瓶；2—表面张力仪；3—毛细管；
4—恒温槽；5—压差计

式中，Δh 为 U 形压力计两边读数的差值；g 为重力加速度；ρ 为压力计内介质的密度。

气泡在毛细管口受到表面张力引起的作用力为 $2\pi r\sigma$，气泡刚被压出时，上述两个作用力相等，即：

$$\pi r^2 p_{最大} = \pi r^2 \Delta h \rho g = 2\pi r\sigma \tag{2-90}$$

则有：

$$\sigma = \frac{r}{2}\rho g \Delta h \tag{2-91}$$

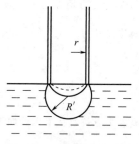

图 2-35　气泡形成过程

实验中，如果使用同一毛细管和压力计，$\frac{r}{2}\rho g$ 则为常数，称作仪器常数，可用 K 表示，则式(2-91) 变为：

$$\sigma = K \Delta h \tag{2-92}$$

如果用已知表面张力的液体作为标准，实验时只要测得其 Δh 值，即可算出 K 值，然后用这同一仪器测定其他待测液体的 Δh 值，用式(2-92) 即可算出其表面张力 σ 值。

本实验中，溶液浓度的测定是应用浓度与折射率的关系，首先测定一系列已知浓度溶液的折射率，作出折射率与溶液浓度的工作曲线，再测定待测溶液的折射率，即可在工作曲线上求得其浓度。

【仪器和试剂】

表面张力测定装置 1 套；阿贝折光仪 1 台；超级恒温水浴 1 台；500mL 烧杯 1 个；滴管 1 支。

无水乙醇（A.R.）；乙醇水溶液：5%、10%、15%、20%、30%、50%、80%。

【实验步骤】

1. 仪器常数 K 的测定　将表面张力仪 2 和毛细管 3 洗净，在 U 形管压力计中装入酒精（至中部位置即可），在滴液漏斗中装满水，按图 2-34 组装好。在表面张力仪 2 中注入适量蒸馏水，再用滴管调节毛细管端面刚好与液面相接触，调节表面张力仪在恒温槽中的位置，使毛细管垂直。在 25℃ 恒温槽中恒温 10min，打开滴液漏斗活塞进行缓缓抽气，使表面张力仪 2 中逐渐减压，气泡即从毛细管口逸出，调节气泡逸出速度，以每分钟 20 个左右为宜。气泡逸出频率稳定后，在数字压力计上读取最大的压力差值。重复测读三次，取其平均值即为 Δp。再查得该温度下水的表面张力 σ 值，代入式(2-92) 可求得仪器常数 K。

2. 测定各待测样品的表面张力和浓度　将表面张力仪中的蒸馏水倒掉，换成待测的不同浓度的乙醇水溶液，按与测定仪器常数 K 相同的步骤，测得各个 Δp 值，然后用式(2-92) 求出各个 σ 值。将阿贝折光仪与超级恒温水浴循环水管连接好。注意：每个待测样品测定完 Δp 后，应从表面张力仪中取样用阿贝折光仪测其折射率。再将表面张力仪中的样品倒回原试样瓶中。然后从乙醇浓度-折射率工作曲线上求得准确浓度值。

【数据记录和处理】

见表 2-32。

室温：_____℃；大气压：_____kPa；实验日期_____；仪器名称及型号：_____；实验温度：_____℃；σ_{H_2O}：_____；Δp：_____kPa；仪器常数 K _____

表 2-32 表面张力实验数据记录表

样品序号	折射率值				浓度	Δp				σ
	1	2	3	平均值		1	2	3	平均值	

1. 计算仪器常数 K。
2. 以浓度 c 为横坐标、表面张力 σ 为纵坐标作出 σ-c 图（横坐标从零开始）。
3. 在 σ-c 曲线上取 15～20 个点，分别作出切线（用镜像法），求出相应的斜率。
4. 根据吉布斯吸附方程式 $\Gamma = -\dfrac{c}{RT}\left(\dfrac{\mathrm{d}\sigma}{\mathrm{d}c}\right)_T$，求各浓度的吸附量，并作出 Γ-c 图。

【思考与讨论】

1. 为什么要测定仪器常数 K？
2. 什么叫表面张力？温度的变化对表面张力有何影响？
3. 设一毛细管插入水中，管内的水可以上升至一定高度，如果在这一定的高度下方位置把毛细管向下弯，则水会下滴吗？为什么？

实验二十一　黏度法测定高聚物的摩尔质量

【目的要求】

1. 测定聚乙烯醇的黏均摩尔质量。
2. 掌握用乌氏（Ubbelohde）黏度计测定黏度的方法。

【预习要求】

1. 了解黏度法测定高聚物摩尔质量的基本原理和公式。
2. 了解乌氏黏度计的结构特点。

【实验原理】

摩尔质量是表征化合物特性的基本参数之一。但高聚物摩尔质量大小不一，参差不齐，一般在 $10^3 \sim 10^7$ 之间，所以通常所测高聚物的摩尔质量是平均摩尔质量。测定高聚物摩尔质量的方法很多，其中黏度法设备简单，操作方便，有相当好的实验精度，但黏度法不是测摩尔质量的绝对方法，因为此法中所用的特性黏度与摩尔质量的经验方程是要用其他方法来确定的，高聚物不同，溶剂不同，摩尔质量范围不同，就要用不同的经验方程式。

高聚物在稀溶液中的黏度，主要反映了液体在流动时存在着内摩擦。在测高聚物溶液黏度求摩尔质量时，常用到表 2-33 中的一些名词。

表 2-33 常用名词和物理意义

名词与符号	物　理　意　义
纯溶剂黏度 η_0	溶剂分子之间的内摩擦表现出来的黏度
溶液黏度 η	溶剂分子之间、高分子之间、高分子与溶剂分子之间，三者内摩擦的综合表现
相对黏度 η_r	$\eta_r = \eta/\eta_0$，溶液黏度对溶剂黏度的相对值
增比黏度 η_{sp}	$\eta_{sp} = (\eta - \eta_0)/\eta_0 = \eta/\eta_0 - 1 = \eta_r - 1$，高分子与高分子之间、纯溶剂与高分子之间的内摩擦效应
比浓黏度 η_{sp}/c	单位浓度下所显示出的黏度
特性黏度 $[\eta]$	$\lim\limits_{c \to 0} \dfrac{\eta_{sp}}{c} = [\eta]$，反映高分子与溶剂分子之间的内摩擦

如果高聚物分子的摩尔质量愈大，则它与溶剂间的接触表面也愈大，摩擦就大，表现出的特性黏度也大。特性黏度和摩尔质量之间的经验关系式为：

$$[\eta]=K\overline{M}^\alpha \tag{2-93}$$

式中，$\overline{M}$ 为黏均摩尔质量；K 为比例常数；α 是与分子形状有关的经验参数。K 和 α 值与温度、聚合物、溶剂性质有关，也和摩尔质量大小有关。K 值受温度的影响较明显，而 α 值主要取决于高分子线团在某温度下、某溶剂中舒展的程度，其数值介于 0.5~1 之间。K 与 α 的数值可通过其他绝对方法确定，例如渗透压法、光散射法等，从黏度法只能测定得 $[\eta]$。

在无限稀释条件下：
$$\lim_{c\to 0}\frac{\eta_{sp}}{c}=\lim_{c\to 0}\frac{\ln\eta_r}{c}=[\eta] \tag{2-94}$$

因此我们获得 $[\eta]$ 的方法有两种：一种是以 η_{sp}/c 对 c 作图，外推到 $c\to 0$ 的截距值；另一种是以 $\ln\eta_r/c$ 对 c 作图，也外推到 $c\to 0$ 的截距值，如图 2-36 所示，两根线应会合于一点，这也可校验实验的可靠性。一般这两条直线的方程表达式为下列形式：

$$\frac{\eta_{sp}}{c}=[\eta]+\kappa[\eta]^2 c \tag{2-95}$$

$$\frac{\ln\eta_r}{c}=[\eta]+\beta[\eta]^2 c \tag{2-96}$$

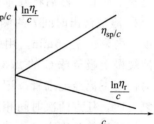

图 2-36 外推法求 $[\eta]$

测定黏度的方法主要有毛细管法、转筒法和落球法。在测定高聚物分子的特性黏度时，以毛细管流出法的黏度计最为方便。若液体在毛细管黏度计中，因重力作用流出时，可通过泊肃叶（Poiseuille）公式计算黏度。

$$\frac{\eta}{\rho}=\frac{\pi h g r^4 t}{8VL}-m\frac{V}{8\pi Lt} \tag{2-97}$$

式中，η 为液体的黏度；ρ 为液体的密度；L 为毛细管的长度；r 为毛细管的半径；t 为流出的时间；h 为流过毛细管液体的平均液柱高度；V 为流经毛细管的液体体积；m 为毛细管末端校正的参数（一般在 $r/L\ll 1$ 时，可以取 $m=1$）。

对于某一只指定的黏度计而言，式(2-97) 可以写成下式：

$$\frac{\eta}{\rho}=At-\frac{B}{t} \tag{2-98}$$

式中，$B<1$，当流出的时间 t 在 2min 左右（大于 100s），该项（亦称动能校正项）可以从略。又因通常测定是在稀溶液中进行（$c<1\times 10^{-2}$ g·mL^{-1}），所以溶液的密度和溶剂的密度近似相等，因此可将 η_r 写成：

$$\eta_r=\frac{\eta}{\eta_0}=\frac{t}{t_0} \tag{2-99}$$

式中，t 为溶液的流出时间；t_0 为纯溶剂的流出时间。所以通过溶剂和溶液在毛细管中的流出时间，从式(2-99) 求得 η_r，由下式计算出 η_{sp}。再由作图法求得 $[\eta]$。

$$\eta_{sp}=\frac{\eta-\eta_0}{\eta_0}=\frac{\eta}{\eta_0}-1=\eta_r-1$$

可见，通过测量不同浓度的溶液通过黏度计的时间，与溶剂通过的时间比较，得到不同浓度下的相对黏度 η_r 值，再计算得增比黏度 η_{sp}。作图求得特性黏度 $[\eta]$，从式(2-93) 即可计算得到黏均摩尔质量。

【仪器和试剂】

恒温槽1套；乌氏黏度计1只；移液管（15mL）2只；秒表1只；洗耳球1只；弹簧夹1只；胶管（约5cm长）2根。

聚乙烯醇（A.R.）。

【实验步骤】

本实验用的乌氏黏度计，又叫气承悬柱式黏度计。它的最大优点是可以在黏度计里逐渐稀释溶液，从而简化操作。

1. 黏度计的洗涤　先用铬酸洗液浸泡，再先后用自来水、蒸馏水分别冲洗2~3次，需注意反复流洗毛细管部分，洗好后烘干备用。

2. 调节恒温槽温度至（30.0±0.1）℃，在黏度计（图2-37）的B管和C管上套上胶管，然后将其垂直放入恒温槽，使水面完全浸没G球。

3. 溶液流出时间 t 的测定　移取15mL的聚乙烯醇溶液，由A管注入黏度计内，恒温15min。用弹簧夹夹住C管上的胶管，用洗耳球从B管处将溶液缓慢上吸至球G的2/3处。然后同时松开C管和B管，使B管溶液在重力作用下流经毛细管。记录溶液液面通过 a 刻度线到 b 刻度线所用时间，重复三次，任意两次时间相差小于0.3s。

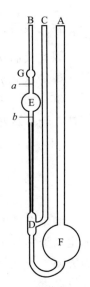

图 2-37　乌氏黏度计

用移液管分别由A管加入5mL、5mL、10mL、10mL的蒸馏水，使溶液的浓度分别为 c_2、c_3、c_4、c_5，每次稀释，均要在C管处用洗耳球打气，使溶液混合均匀，并封闭C管，用洗耳球从B管口多次吸溶液至G球，以洗涤B管使溶液均匀混合。恒温后，测量溶液的流出时间 t_2、t_3、t_4、t_5。

4. 溶剂流出时间 t_0 的测定　将黏度计洗净，先用自来水、再用蒸馏水分别冲洗几次，每次都要注意反复流洗毛细管部分，洗好后备用。移取15mL蒸馏水，由A管注入黏度计中，恒温15min。然后按上述方法测定溶剂的流出时间 t_0。

【数据记录和处理】

室温：_____℃；气压：_____kPa；实验日期：_____；仪器名称型号：_____。

1. 将所测的实验数据及计算结果填入表2-34中。

原始溶液浓度 c_1：_____g·mL^{-1}；恒温温度：_____℃

表 2-34　黏度法测分子量实验数据记录和处理

c/g·mL^{-1}	t_1/s	t_2/s	t_3/s	$t_{平均}$/s	η_r	$\ln\eta_r$	η_{sp}	η_{sp}/c	$\ln\eta_r/c$
$c_1=$									
$c_2=$									
$c_3=$									
$c_4=$									
$c_5=$									
纯溶剂流出时间 t_0					—	—	—	—	—

2. 作 η_{sp}/c-c 及 $\ln\eta_r/c$-c 图，并外推到 $c\rightarrow 0$，由截距求出 $[\eta]$。

3. 由公式(2-92)计算聚乙烯醇的黏均摩尔质量。

【思考与讨论】
1. 乌氏黏度计中支管 C 有何作用？除去支管 C 是否可测定黏度？
2. 黏度计的毛细管太粗或太细有什么缺点？
3. 为什么用 $[\eta]$ 来求算高聚物的摩尔质量？它和纯溶剂黏度有无区别？
4. 分析实验成功与失败的原因是什么？

【注意事项】
1. 黏度计必须洁净。
2. 实验过程中，恒温槽的温度要保持恒定。加入样品后待恒温才能进行测定。
3. 黏度计要垂直浸入恒温槽中，实验中不要振动黏度计。
4. 在特性黏度的测定过程中，有时并非操作不慎，作图结果会出现如图 2-38 的异常现象，在式(2-95)中的 k 和 η_{sp}/c 值与高聚物结构和形态有关，而式(2-96)物理意义不太明确，因此出现异常现象时，以式(2-95)曲线即 η_{sp}/c-c 求 $[\eta]$ 值。

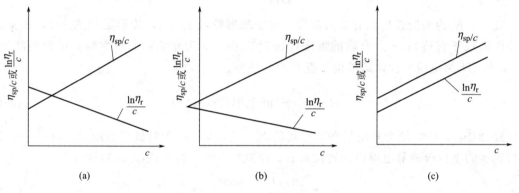

图 2-38　测定中的异常现象示意图

实验二十二　溶胶的制备及电泳

【目的要求】
1. 学会制备和纯化 $Fe(OH)_3$ 溶胶。
2. 掌握电泳法测定 $Fe(OH)_3$ 溶胶电动电势的原理和方法。

【预习要求】
1. 了解 $Fe(OH)_3$ 溶胶的制备及纯化方法。
2. 了解 $Fe(OH)_3$ 溶胶电动电势的测定方法。
3. 明确求算 ζ 公式中各物理量的意义。

【实验原理】
溶胶的制备方法可分为分散法和凝聚法。分散法是用适当方法把较大的物质颗粒变为胶体大小的质点；凝聚法是先制成难溶物的分子（或离子）的过饱和溶液，再使之相互结合成胶体粒子而得到溶胶。$Fe(OH)_3$ 溶胶的制备采用的是化学法即通过化学反应使生成物呈过饱和状态，然后粒子再结合成溶胶。

制成的胶体体系中常有其他杂质存在，而影响其稳定性，因此必须纯化。常用的纯化方法是半透膜渗析法。

在胶体分散体系中，由于胶体本身的电离或胶粒对某些离子的选择性吸附，使胶粒的表面带有一定的电荷。在外电场作用下，胶粒向异性电极定向泳动，这种胶粒向正极或负极移动的现象称为电泳。荷电的胶粒与分散介质间的电势差称为电动电势，用符号 ζ 表示，电动电势的大小直接影响胶粒在电场中的移动速度。原则上，任何一种胶体的电动现象都可以用来测定电动电势，其中最方便的是用电泳现象中的宏观法来测定，也就是通过观察溶胶与另一种不含胶粒的导电液体的界面在电场中移动速度来测定电动电势。电动电势 ζ 与胶粒的性质、介质成分及胶体的浓度有关。在指定条件下，ζ 的数值可根据亥姆霍兹方程式计算。即：

$$\zeta = \frac{K\pi\eta u}{DH}（静电单位）$$

或

$$\zeta = \frac{K\pi\eta u}{DH} \times 300 \ (V) \tag{2-100}$$

式中，K 为与胶粒形状有关的常数（对于球形胶粒 $K=6$，棒形胶粒 $K=4$，在实验中均按棒形粒子看待）；η 为介质的黏度，10^{-1} Pa·s；D 为介质的介电常数；u 为电泳速度，cm·s^{-1}；H 为电位梯度，即单位长度上的电位差。

$$H = \frac{E}{300L}（静电单位·cm^{-1}） \tag{2-101}$$

式(2-101)中，E 为外电场在两极间的电位差，V；L 为两极间的距离，cm；300 为将伏特表示的电位改成静电单位的转换系数。把式(2-101)代入式(2-100)得：

$$\zeta = \frac{4\pi\eta L u \times 300^2}{DE} \ (V) \tag{2-102}$$

由式(2-102)知，对于一定溶胶而言，若固定 E 和 L 测得胶粒的电泳速度（$u=dt$，d 为胶粒移动的距离，t 为通电时间），就可以求算出 ζ 电位。

【仪器和药剂】

直流稳压电源 1 台；万用电炉 1 台；电泳管 1 只；电导率仪 1 台；直流电压表 1 台；秒表 1 块；铂电极 2 只；超级恒温槽 1 台；容量瓶（100mL）1 只；锥形瓶（250mL）1 只；烧杯（800mL、250mL、100mL）各 1 个，火棉胶。

$FeCl_3$(10%) 溶液；KCNS(1%) 溶液；$AgNO_3$(1%) 溶液；稀 HCl 溶液。

【实验步骤】

1. $Fe(OH)_3$ 溶胶的制备及纯化

（1）半透膜的制备　在一个内壁洁净、干燥的 250mL 锥形瓶中，加入约 10mL 火棉胶液，小心转动锥形瓶，使火棉胶液黏附在锥形瓶内壁上形成均匀薄层，倾出多余的火棉胶于回收瓶中。此时锥形瓶仍需倒置，并不断旋转，待剩余的火棉胶流尽，使瓶中的乙醚蒸发至已闻不出气味为止（此时用手轻触火棉胶膜，已不粘手）。然后再往瓶中注满水（若乙醚未蒸发完全，加水过早，则半透膜发白），浸泡 10min。倒出瓶中的水，小心用手分开膜与瓶壁之间隙。慢慢注水于夹层中，使膜脱离瓶壁，轻轻取出，在膜袋中注入水，观察有否漏洞，如有小漏洞，可将此洞周围擦干，用玻璃棒蘸火棉胶补之。制好的半透膜不用时，要浸放在蒸馏水中。

（2）用水解法制备 Fe(OH)$_3$ 溶胶　在 250mL 烧杯中，加入 100mL 蒸馏水，加热至沸，慢慢滴入 5mL 10% FeCl$_3$ 溶液，并不断搅拌，加毕继续保持沸腾 5min，即可得到红棕色的 Fe(OH)$_3$ 溶胶，其结构式可表示为 $\{m[Fe(OH)_3]nFeO^+(n-x)Cl^-\}^{x+}xCl^-$。在胶体体系中存在过量的 H^+、Cl^- 等离子，需要除去。

（3）用热渗析法纯化 Fe(OH)$_3$ 溶胶　将制得的 40mL Fe(OH)$_3$ 溶胶注入半透膜内用线拴住袋口，置于 800mL 的清洁烧杯中，杯中加蒸馏水约 300mL，维持温度在 60℃ 左右，进行渗析。每 30min 换一次蒸馏水，2h 后取出 1mL 渗析水，分别用 1% AgNO$_3$ 及 1% KCNS 溶液检查是否存在 Cl^- 及 Fe^{3+}，如果仍存在，应继续换水渗析，直到检查不出为止，将纯化过的 Fe(OH)$_3$ 溶胶移入一清洁干燥的 100mL 小烧杯中待用。

2. 配制 HCl 溶液　调节恒温槽温度为 (25.0±0.1)℃，用电导率仪测定 Fe(OH)$_3$ 溶胶在 25℃ 时的电导率，然后配制与之相同电导率的 HCl 溶液。方法是根据附录所给出的 25℃ 时 HCl 电导率-浓度关系（表 4-26），用内插法求算与该电导率对应的 HCl 浓度，并在 100mL 容量瓶中配制该浓度的 HCl 溶液。

3. 装置仪器和连接线路　用蒸馏水洗净电泳管后，再用少量溶胶洗一次，将渗析好的 Fe(OH)$_3$ 溶胶倒入电泳管中，使液面超过活塞（2）、（3）。关闭这两个活塞，把电泳管倒置，将多余的溶胶倒净，并用蒸馏水洗净活塞（2）、（3）以上的管壁。打开活塞（1），用自己配制的 HCl 溶液冲洗一次后，再加入该溶液，并超过活塞（1）少许。插入铂电极，按装置图 2-39 连接好线路。

4. 测定溶胶电泳速度　同时打开活塞（2）和（3），关闭活塞（1），打开电键，经教师检查后，接通直流稳压电源 6，调节电压为 100V。接通电键，迅速调节电压为 100V，并同时计时和准确记下溶胶在电泳管

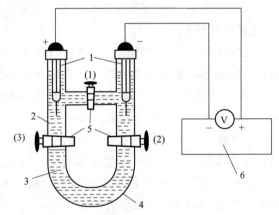

图 2-39　电泳仪器装置
1—Pt 电极；2—HCl 溶液；3—溶胶；4—电泳管；
5—活塞；6—可调直流稳压电源

中液面位置，约 1h 后断开电源，记下准确的通电时间 t 和溶胶面上升的距离 d，从伏特计上读取电压 E，并且量取两极之间的距离 L。

实验结束后，拆除线路。用自来水洗电泳管多次，最后用蒸馏水洗一次。

【注意事项】

1. 利用式(2-102)求算 ζ 时，各物理量的单位都需用 C.G.S 制，有关数值从附录有关表中查得。如果改用 SI 制，相应的数值也应改换。对于水的介电常数，应考虑温度校正，由以下公式求得：

$$\ln D_t = 4.474226 - 4.54426 \times 10^{-3} t$$

式中，t 为温度，℃。

2. 在制备半透膜时，一定要使整个锥形瓶的内壁上均匀地附着一层火棉胶液，在取出半透膜时，一定要借助水的浮力将膜托出。

3. 制备 Fe(OH)$_3$ 溶胶时，FeCl$_3$ 一定要逐滴加入，并不断搅拌。

4. 纯化 Fe(OH)$_3$ 溶胶时,换水后要渗析一段时间再检查 Fe^{3+} 及 Cl$^-$ 的存在。
5. 量取两电极的距离时,要沿电泳管的中心线量取。

【数据记录和处理】
1. 将实验数据记录如下:
室温:_____℃;大气压:_____Pa;实验日期:_____;
仪器名称型号:_____;电泳时间_____s;电压_____V;
两电极间距离_____cm;溶胶液面移动距离_____cm。
2. 将数据代入式(2-102)中计算 ζ 电势。

实验二十三　乳状液的制备和性质

【目的要求】
1. 了解乳状液的基本性质及乳化剂的乳化作用原理。
2. 掌握乳状液的制备、类型鉴别、破乳及转相的方法。

【实验原理】

乳状液是一种分散体系,它是由一种或一种以上的液体以液珠形式均匀地分散在另一种与它不相混溶的液体中形成的。其中以液珠形式存在的一相称分散相(也称内相或不连续相),另一种连成一片的液体称分散介质(也称外相或连续相)。液珠半径一般为 $10^{-7} \sim 10^{-5}$ m,所以乳状液属于粗分散系统。

乳状液一般由水和与水不互溶的有机液体(统称为油)组成。根据分散相和连续相的不同,将乳状液分为水包油和油包水两种类型。前者油是分散相而水是连续相,表示为油/水(或 O/W);后者水是分散相而油是连续相,表示为水/油(或 W/O)。例如牛奶和石油原油就分别是油/水型和水/油型乳状液。

乳状液是多相分散系统,具有很大的液-液界面,因而有高的界面能,是热力学不稳定系统,其中的液珠有自发合并的倾向。如果液珠相互合并的速率很慢,则认为乳状液具有一定的相对稳定性。另外,由于分散相和连续相的密度一般不等,因而在重力作用下液珠将上浮或下沉,结果使乳状液分层。为了制备较稳定的乳状液,除了两种不互溶液体外,还必须加入乳化剂。常用的乳化剂是表面活性剂、高分子物质或固体粉末,其主要作用是通过在油-水界面上吸附,从而降低界面能,同时在液珠表面形成一层具有一定强度的保护膜。

乳化剂的性质常能决定乳状液的类型。通常,一价金属的脂肪酸皂可形成油/水型乳状液,而二价金属的脂肪酸皂亲油性大于亲水性,可形成水/油型乳状液。

乳化剂的亲水、亲油性质常用 HLB 值表示,此值越大,亲水性越强。HLB 值在 3～6 间的乳化剂可使 O/W 型乳化液稳定,HLB 值在 8～18 间的乳化剂可使 W/O 型乳状液稳定。

鉴定乳状液类型的方法主要有以下几种。

① 稀释法　乳状液易于与其外相相同的液体混合。将一滴乳状液滴入水中,若很快混合,则为 O/W 型。

② 染色法　选择一种只溶于水或只溶于油的染料加入乳状液中，充分振荡后，观察内相和外相的染色情况，再根据染料的性质判断乳状液的类型。如苏丹Ⅲ是溶于油的染料，加入乳状液中若能使内相着色，则为 O/W 型乳状液。

③ 电导法　O/W 型乳状液比 W/O 型乳状液导电能力强。

乳状液的界面自由能大，是热力学不稳定体系，即使加入乳化剂，也只能相对地提高乳状液的稳定性。用各种方法使稳定的乳状液分层、絮凝或将分散介质、分散相完全分开统称为破乳。当加入某物质后，乳状液可以由一种类型转变为另一种类型，这种现象称为乳状液的转相。

常见破乳方法：①加入适量破乳剂；②加入电解质；③用不能生成牢固保护膜的表面活性物质代替原来的乳化剂；④加热；⑤电场作用。

【仪器和试剂】

电导率仪；150mL 锥形瓶（具塞）；20mL 试管。

油酸钠；甲苯；Tween-80；Span-20；苏丹Ⅲ；亚甲基蓝；盐酸；氯化钠；氯化镁。

【实验步骤】

(1) 乳状液的制备

在具塞锥形瓶中加入 15mL 1% 的油酸钠溶液，然后分次加入 10mL 的甲苯，每次约加 1mL，每次加甲苯后剧烈摇动，直至看不到分层的甲苯相，即为Ⅰ型乳状液。在另一具塞锥形瓶中加入 10mL 2% Span-20 的甲苯溶液，然后分次加入 10mL 的水，每次约加 1mL，每次加水后剧烈摇动，直至看不见分层的水。得Ⅱ型乳状液。

(2) 乳状液类型鉴别

① 稀释法　分别用小滴管将几滴Ⅰ型和Ⅱ型乳状液滴入盛有净水的烧杯中观察现象。

② 染色法　取两支干净的试管，分别加入 2mL Ⅰ型和Ⅱ型乳状液，向每支试管中加入 1 滴苏丹Ⅲ溶液，振荡，观察现象。同样操作，加入 1 滴亚甲基蓝溶液，振荡，观察现象。

③ 导电法　采用电导率仪测定乳状液的电导率，记录下电导率的数据。

(3) 乳状液的破坏和转相

① 取Ⅰ型和Ⅱ型乳状液各 2mL，分别加入两支试管中，逐滴加入 $3mol·L^{-1}$ 的 HCl 溶液，观察现象。

② 取Ⅰ型和Ⅱ型乳状液各 2mL，分别放在两支试管中，在水浴中加热，观察现象。

③ 取 2mL Ⅰ型乳状液于试管中，逐滴加入 $0.25mol·L^{-1}$ 的 $MgCl_2$ 溶液，每加一滴剧烈摇动，注意观察乳状液的破乳和转相。

④ 取 2mL Ⅰ型乳状液于试管中，逐滴加入 NaCl 饱和溶液，剧烈振荡，注意观察乳状液有无破乳和转相。

⑤ 取 2mL Ⅱ型乳状液于试管中，逐滴加入 Tween-80，每加一滴剧烈振荡，观察乳状液有无破乳和转相。

【注意事项】

在制备乳状液时，甲苯或水应分次加入，每加一次剧烈振荡。

【数据记录和处理】

1. 将对各种乳状液的鉴别及观察到的现象记录，并确定其类型。

2. 将各次实验现象记录下来，并解释产生各种现象的原因。

【思考题】
1. 何谓乳状液？乳状液的稳定条件是什么？
2. 乳状液有什么作用？如何使乳状液类型发生转化？

实验二十四　差热-热重分析

【目的要求】
1. 掌握差热分析仪的工作原理及使用方法。
2. 依据差热-热重曲线解析样品的差热-热重过程。
3. 掌握差热-热重曲线的定量和定性处理方法，对实验结果做出合理解释。

【实验原理】
1. 概述

差热分析（differential thermal analysis，DTA），可用于鉴别物质种类及其转化温度、热效应等物理化学性质，广泛应用于许多科研及生产部门。

许多物质在加热或冷却过程中会发生熔化、凝固、晶型转变、分解、化合、吸附、脱附等物理或化学变化。这些变化必将伴随体系焓的改变，因而产生热效应。其表现为该物质与环境（样品与参比物）之间有温度差。差热分析就是通过温差测量来确定物质的物理化学性质的一种热分析方法。

在测定之前，先要选择一种热稳定性好的物质作为参比物。在温度变化的整个过程中，该参比物不会发生任何物理或化学变化，没有任何热效应出现，同时要求整个升温过程中参比物的质量也不能发生变化。

目前常用的差热天平一般是将试样与参比物分别放入两个小的坩埚，置于加热炉中升温。如在升温过程中试样没有热效应，则试样与参比物之间的温度差 ΔT 为零；而如果试样在某温度下有热效应，则试样温度上升的速率会发生变化，与参比物相比，会产生温度差 ΔT。把 T 和 ΔT 在计算机上显示出来。

从差热谱图上（图2-40）可清晰地看到差热峰的数目、位置、方向、宽度、高度、对称性以及峰面积等。峰的数目表示物质发生物理、化学变化的次数；峰的位置表示物质发生变化的转化温度；峰的方向表明体系发生热效应的正负性；峰面积说明热效应的大小，许多物质的热谱图具有特征性，即一定的物质应有一定的差热峰的数目、位置、方向、峰温等，所以可通过与已知的热谱图的比较来鉴别样品的种类、相变温度、热效应等物理化学性质。因此，

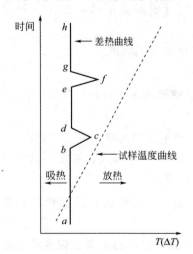

图2-40　差热曲线示例

差热分析广泛应用于化学、化工、冶金、陶瓷、地质和金属材料等领域的科研和生产部门。理论上讲，可通过峰面积的测量对物质定量分析。

样品的相变热 ΔH 可按下式计算：

$$\Delta H = \frac{K}{m}\int_{t_b}^{t_d}\Delta T\,\mathrm{d}t$$

式中，m 为样品质量；t_b、t_d 分别为峰的起止时刻；ΔT 为时间 t 内样品与参比物的温差；$\int_{t_b}^{t_d}\Delta T\,\mathrm{d}t$ 代表差热峰面积；K 为仪器常数，与仪器特性及测量条件有关，可用数学法推导，但比较麻烦。本实验中采取已知热效应的物质（锡）进行标定，已知锡的熔化热为 $59.6\times10^{-3}\,\mathrm{J\cdot mg^{-1}}$，根据锡差热峰的面积求出常数 K，然后再计算 $CaC_2O_4\cdot H_2O$ 的热效应。

2. 热重法

物质受热时，发生物理或化学变化时，其质量也就随之改变，测定物质质量的变化就可以研究其变化过程。热重法（TG）是在程序控制温度下，测量物质质量与温度（或时间）关系的一种技术。热重法实验得到的曲线称为热重曲线（即 TG 曲线）。TG 曲线以质量作纵坐标，从上向下表示质量减少；以温度（或时间）为横坐标，自左至右表示温度（或时间）增加。

热重法的主要特点是定量性强，能准确地测量物质的变化及变化的速率。热重法的实验结果与实验条件有关。但在相同的实验条件下，同种样品的热重数据是重现的。

从热重法派生出微商热重法（DTG），即 TG 曲线对温度（或时间）的一阶导数。实验时可同时得到 DTG 曲线和 TG 曲线。DTG 曲线能精确地反映出起始反应温度、达到最大反应速率的温度和反应终止的温度。在 TG 曲线上，对应于变化过程中各阶段的曲线互相衔接而不易区分开，同样的变化在 DTG 曲线上能呈现出最大值，故 DTG 能很好地显示出重叠反应，区分各个反应阶段，这是 DTG 的最可取之处。另外，DTG 曲线峰的面积精确地对应着变化了的质量，因而 DTG 能精确地进行定量分析（图 2-41）。有些材料由于种种原因不能用 DTA 来分析，却可以用 DTG 来分析。

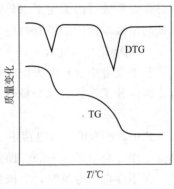

图 2-41 热重曲线

【仪器和试剂】

差热分析仪 1 台；计算机 1 台；打印机 1 台；镊子 1 把；氧化铝坩埚 2 个。

α-氧化铝（A.R.）；$CaC_2O_4\cdot H_2O$（A.R.）。

【实验步骤】

1. 仔细阅读仪器操作说明书，做实验前先打开差热分析仪电源，预热 30min 以上。
2. 通冷却水（流量 200mL·min^{-1}），保证水畅通。
3. 开启计算机、打印机电源。
4. 将 $CaC_2O_4\cdot H_2O$(A.R.) 研磨到 200 目左右的微细颗粒，装入 Al_2O_3 坩埚内，精确称取约 15mg 的样品，注意装填样品应紧密结实。
5. 设定程序（升温速率 10℃·min^{-1}，终止温度为 830℃），开始加热。
6. 实验结束后进行数据分析并打印实验结果。

【数据记录和处理】

在本实验条件下，测量温度范围为室温～830℃，根据差热-热重曲线，定性说明

$CaC_2O_4 \cdot H_2O$ 的差热-热重谱图，指出峰的位置、数目、指示温度及所表示的意义。

【思考题】

1. 影响本实验差热分析的主要因素有哪些？
2. 依据失重百分比，推断反应方程式。
3. 各个参数对曲线分别有什么影响？

实验二十五　偶极矩的测定——小电容仪

【目的要求】

1. 掌握溶液法测定偶极矩的原理、方法和计算。
2. 熟悉小电容仪、折射仪和比重瓶的使用。
3. 测定正丁醇的偶极矩，了解偶极矩与分子电性质的关系。

【实验原理】

从偶极矩的数据可以了解分子的对称性，判别其几何异构体和分子的主体结构等问题。

偶极矩一般是通过测定介电常数、密度、折射率和浓度来求算的。测定偶极矩的方法除由对介电常数等的测定来求外，还有多种其他方法，如分子射线法、分子光谱法、温度法以及利用微波谱的斯塔克效应等。

1. 偶极矩与极化度

分子呈电中性，但因空间构型的不同，正、负电荷中心可能重合，也可能不重合，前者为非极性分子，后者称为极性分子，分子极性大小用偶极矩 μ 来度量，其定义为

$$\mu = qd \tag{2-103}$$

式中，q 为正、负电荷中心所带的电荷量；d 是正、负电荷中心间的距离。偶极矩的 SI 单位是库[仑]·米($C \cdot m$)。而过去习惯使用的单位是德拜（D），$1D = 3.338 \times 10^{-30} C \cdot m$。

在不存在外电场时，非极性分子虽因振动，正、负电荷中心可能发生相对位移而产生瞬时偶极矩，但宏观统计平均的结果，实验测得的偶极矩为零。具有永久偶极矩的极性分子，由于分子热运动的影响，偶极矩在空间各个方向的取向概率相等，偶极矩的统计平均值仍为零，即宏观上亦测不出其偶极矩。

当将极性分子置于均匀的外电场中，分子将沿电场方向转动，同时还会发生电子云对分子骨架的相对移动和分子骨架的变形，称为极化。极化的程度用摩尔极化度 P 来度量。P 是转向极化度（$P_{转向}$）、电子极化度（$P_{电子}$）和原子极化度（$P_{原子}$）之和。

$$P = P_{转向} + P_{电子} + P_{原子} \tag{2-104}$$

其中

$$P_{转向} = \frac{4}{9}\pi N_A \frac{\mu^2}{KT} \tag{2-105}$$

式中，N_A 为阿伏伽德罗（Avogadro）常数；K 为玻耳兹曼（Boltzmann）常数；T 为热力学温度。

由于 $P_{原子}$ 在 P 中所占的比例很小，所以在不很精确的测量中可以忽略 $P_{原子}$，式(2-104)可写成

$$P = P_{转向} + P_{电子} \tag{2-106}$$

只要在低频电场（$\nu < 10^{10} s^{-1}$）或静电场中测得 P；在 $\nu \approx 10^{15} s^{-1}$ 的高频电场（紫外可见

光）中，由于极性分子的转向和分子骨架变形跟不上电场的变化，故 $P_{转向}=0$，$P_{原子}=0$，所以测得的是 $P_{电子}$。这样由式（2-106）可求得 $P_{转向}$，再由式（2-105）计算 μ。

通过测定偶极矩，可以了解分子中电子云的分布和分子对称性，判断几何异构体和分子的立体结构。

2. 溶液法测定偶极矩

所谓溶液法就是将极性待测物溶于非极性溶剂中进行测定，然后外推到无限稀释。因为在无限稀的溶液中，极性溶质分子所处的状态与它在气相时十分相近，此时分子的偶极矩可按下式计算：

$$\mu = 0.0426 \times 10^{-30} \sqrt{(P_2^\infty - R_2^\infty)T} \ (\text{C·m}) \tag{2-107}$$

式中，P_2^∞ 和 R_2^∞ 分别表示无限稀时极性分子的摩尔极化度和摩尔折射度（习惯上用摩尔折射度表示折射法测定的 $P_{电子}$）；T 是热力学温度。

本实验是将正丁醇溶于非极性的环己烷中形成稀溶液，然后在低频电场中测量溶液的介电常数和溶液的密度求得 P_2^∞；在可见光下测定溶液的 R_2^∞，然后由式（2-107）计算正丁醇的偶极矩。

(1) 极化度的测定 无限稀时，溶质的摩尔极化度 P_2^∞ 的公式为

$$P = P_2^\infty = \lim_{x_2 \to 0} P_2 = \frac{3\varepsilon_1 \alpha}{(\varepsilon_1+2)^2} \times \frac{M_1}{\rho_1} + \frac{\varepsilon_1-1}{\varepsilon_1+2} \times \frac{M_2 - \beta M_1}{\rho_1} \tag{2-108}$$

式中，ε_1、ρ_1、M_1 分别是溶剂的介电常数、密度和摩尔质量，其中密度的单位是 g·mL^{-1}；M_2 为溶质的摩尔质量；α 和 β 为常数，可通过稀溶液的近似公式求得：

$$\varepsilon_{溶} = \varepsilon_1(1+\alpha x_2) \tag{2-109}$$

$$\rho_{溶} = \rho_1(1+\beta x_2) \tag{2-110}$$

式中，$\varepsilon_{溶}$ 和 $\rho_{溶}$ 分别是溶液的介电常数和密度；x_2 是溶质的摩尔分数。

无限稀释时，溶质的摩尔折射度 R_2^∞ 的公式为

$$P_{电子} = R_2^\infty = \lim_{x_2 \to 0} R_2 = \frac{n_1^2 - 1}{n_1^2 + 2} \times \frac{M_2 - \beta M_1}{\rho_1} + \frac{6n_1^2 M_1 \gamma}{(n_1^2 + 2)^2 \rho_1} \tag{2-111}$$

式中，n_1 为溶剂的折射率；γ 为常数，可由稀溶液的近似公式求得：

$$n_{溶} = n_1(1+\gamma x_2) \tag{2-112}$$

式中，$n_{溶}$ 是溶液的折射率。

(2) 介电常数的测定 介电常数 ε 可通过测量电容来求算。

$$\varepsilon = \frac{C}{C_0} \tag{2-113}$$

式中，C_0 为电容器在真空时的电容；C 为充满待测液时的电容，由于空气的电容非常接近于 C_0，故式（2-113）改写成

$$\varepsilon = \frac{C}{C_{空}} \tag{2-114}$$

本实验利用电桥法测定电容，其桥路为变压器比例臂电桥，如图 2-42 所示，电桥平衡的条件是

$$\frac{C'_s}{C_s} = \frac{u_s}{u_x}$$

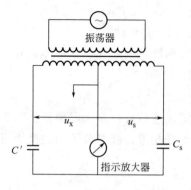

图 2-42 电容电桥示意图

式中，C'为电容池两极间的电容；C_s为标准差动电器的电容。调节差动电容器，当$C'=C_s$时，$u_s=u_x$，此时指示放大器的输出趋近于零。C_s可从刻度盘上读出，这样C'即可测得。由于整个测试系统存在分布电容，所以实测的电容C'是样品电容C和分布电容C_d之和，即

$$C'=C+C_d \tag{2-115}$$

显然，为了求C首先就要确定C_d值，方法是：先测定无样品时空气的电空$C'_{空}$，则有

$$C'_{空}=C_{空}+C_d \tag{2-116}$$

再测定一已知介电常数（$\varepsilon_{标}$）的标准物质的电容$C'_{标}$，则有

$$C'_{标}=C_{标}+C_d=\varepsilon_{标}C_{空}+C_d \tag{2-117}$$

由式(2-116)和式(2-117)可得：

$$C_d=\frac{\varepsilon_{标}C'_{空}-C'_{标}}{\varepsilon_{标}-1} \tag{2-118}$$

将C_d代入式(2-115)和式(2-116)即可求得$C_{溶}$和$C_{空}$。这样就可计算待测液的介电常数。

对介电常数的测定除电桥法外，其他主要还有拍频法和谐振法等，对于气体和电导很小的液体，以拍频法为好；有相当电导的液体用谐振法较为合适；对于有一定电导但不大的液体，用电桥法较为理想。虽然电桥法不如拍频法和谐振法精确，但设备简单，价格便宜。

【仪器和试剂】

小电容测量仪 1 台；阿贝折光仪 1 台；超级恒温槽 2 台；电吹风 1 只；比重瓶（10mL），1 只；滴瓶 5 只；滴管 1 只。

环己烷（A.R.）；正丁醇摩尔分数分别为 0.04，0.06，0.08，0.10 和 0.12 的五种正丁醇-环己烷溶液。

【实验步骤】

1. 折射率的测定 在 25℃ 条件下，用阿贝折光仪分别测定环己烷和五份溶液的折射率。

2. 密度的测定 在 25℃ 条件下，用比重瓶分别测定环己烷和五份溶液的密度。

3. 电容的测定

(1) 将 PCM-1A 精密电容测量仪通电，预热 20min。

(2) 将电容仪与电容池连接线先接一根（只接电容仪，不接电容池），调节零电位器使数字表头指示为零。

(3) 将两根连接线都与电容池接好，此时数字表头上所示值即为$C'_{空}$值。

(4) 用 2mL 移液管移取 2mL 环己烷到电容池中，盖好，数字表头上所示值即为$C'_{标}$。

(5) 将环己烷倒入回收瓶中，用冷风将样品室吹干后再测$C'_{空}$值，与前面所测的$C'_{空}$值应小于 0.05pF，否则表明样品室有残液，应继续吹干，然后装入溶液，同样方法测定五份溶液的$C'_{溶}$。

【数据记录和处理】

1. 将所测数据列表。

2. 根据式(2-118)和式(2-116)计算C_d和$C_{空}$。其中环己烷的介电常数与温度t(℃)

的关系式为：$\varepsilon_{标} = 2.023 - 0.0016(t-20)$。

3. 根据式(2-115)和式(2-114)计算 $C_{溶}$ 和 $\varepsilon_{溶}$。

4. 分别作 $\varepsilon_{溶}$-x_2 图、$\rho_{溶}$-x_2 图和 $n_{溶}$-x_2 图，由各图的斜率求 α，β，γ。

5. 根据式(2-108)和式(2-111)分别计 P_2^{∞} 和 R_2^{∞}。

6. 最后由式(2-107)求算正丁醇的 μ。

【注意事项】

1. 每次测定前要用冷风将电容池吹干，并重测 $C'_{空}$，与原来的 $C'_{空}$ 值相差应小于 0.01pF。严禁用热风吹样品室。

2. 测 $C'_{溶}$ 时，操作应迅速，池盖要盖紧，防止样品挥发和吸收空气中极性较大的水汽。装样品的滴瓶也要随时盖严。

3. 每次装入量严格相同，样品过多，会腐蚀密封材料渗入恒温腔，实验无法正常进行。

4. 要反复练习差动电容器旋钮、灵敏度旋钮和损耗旋钮的配合使用和调节，在能够正确寻找电桥平衡位置后，再开始测定样品的电容。

5. 注意不要用力扭曲电容仪连接电容池的电缆线，以免损坏。

【思考题】

1. 本实验测定偶极矩时做了哪些近似处理？
2. 准确测定溶质的摩尔极化度和摩尔折射度时，为何要外推到无限稀释？
3. 试分析实验中误差的主要来源，如何改进？

第三章 实验技术

一、温度的测量和控制

温度是表征体系中物质内部大量分子、原子平均动能的一个宏观物理量。物体内部分子、原子平均动能的增加或减少，表现为物体温度的升高或降低。物质的物理化学特性都与温度有密切的关系，温度是确定物体状态的一个基本参量，因此准确测量和控制温度，在科学实验中十分重要。

1. 温标

温标是温度的标准量的简称。温标的确定包括测量物质的选择、固定点的选择、温度值的划分等。

几种常见的温标见表 3-1。

表 3-1　常见温标的测温固定点及温度值划分

项　目	测温固定点	温度符号	温度值划分和换算关系
热力学温标	选定水的三相点温度(273.16K)	T/K	1K 是水的三相点热力学温度的 1/273.16
国际实用温度计	选定一些可靠而又能高度重现的平衡点	T/K	在不同的温度区间必须选定指定的、具有高稳定度的标准温度来度量各固定点之间的温度值
摄氏温标	选定水的冰点为 0℃；选定水的沸点为 100℃	$t/℃$	1℃ 是在两测温固定点之间 100 等份 $t = T - 273.15$
华氏温标	选定冰的冰点定为 32F；选定冰的沸点为 212F	t_F/F	1F 是在两测温固定点之间 180 等份 $t_F = 32 + 9/5 t$

热力学温标（开尔文，1848 年）以卡诺循环为基础。根据卡诺循环得出的温标可适用于任何温度区间，且与工作物质的性质无关。由于卡诺循环是一种理想循环，所以热力学温标也是一种理想的温标。

2. 温度计的分类

按测量方式分类可分为接触式和非接触式；按用途分类可分为温度测量和温差测量。

① 接触式温度计　在测量时必须将温度计接触被测体系，待达平衡后，由测温物质的物理参数来反映所测的温度值。见表 3-2。

表 3-2　常用接触式温度计

温度计分类	测温属性	举例	可用的温度范围/℃
液体膨胀温度计	液柱高度	玻璃酒精温度计 玻璃水银温度计	−30～300 −110～50
热电偶	热电势	铂铑-铂热电偶 镍铬-镍硅热电偶	−110～1500 −200～1100
电阻温度计	电阻	铂电阻温度计	−260～1100
蒸气压温度计	蒸气压	氧蒸气压温度计	低温

② 非接触式温度计　在测量时与被测物质并不接触，而是利用被测物质所反射的电磁辐射，根据其波长分布或速度和温度之间的函数关系进行温度的测量。

例如，光电温度计是利用被测物体所发生的光信号被接收后转换成电信号，根据电信号的强弱表示出被测物体的温度。除此之外还有：光学高温计、红外光电温度计等。非接触式温度计的特点是：不干涉被测体系，无滞后现象，但测温精度较差。

3. 水银温度计

温度计的种类很多，水银温度计是实验室中最常用的液体温度计之一。

(1) 水银温度计的特点

作为测温物质的水银，通常盛在一根下端为球体的玻璃毛细管内，毛细管的剩余部分被抽成真空或充以某种气体（氮或氩），温度的变化借助水银体积的变化，使毛细管内水银柱的上升或下降表现出来。在毛细管上标出温度值，便可直接读出温度。水银的热导率较大，比热容较小，膨胀系数比较均匀，而且在相当大的温度变化范围内，水银体积随温度变化接近直线关系，又因玻璃的热膨胀系数小，毛细管直径均匀，水银在玻璃上的附着力甚微，所以，水银温度计是一种结构简单、使用方便、测量准确、测量范围较大的常用温度计之一。

(2) 水银温度计的种类和使用范围

根据使用目的和测量范围的不同，水银温度计分为以下几种。

① 一般使用　一般使用的水银温度计由 $-5℃$ 至 $105℃$、$150℃$、$250℃$、$360℃$ 等不同量程，刻度线以 $0.1℃$ 或 $0.5℃$ 为间隔。

② 分段温度计　分段温度计由多支温度计配套组成。每一支量程 $50℃$（也有每支量程为 $10℃$），总量程为 $-10～400℃$，刻度线以 $0.1℃$ 为间隔等多种。

③ 量热计测量用　有 $9～15℃$、$12～18℃$、$15～21℃$、$18～24℃$、$20～30℃$ 等，刻度线以 $0.01℃$、$0.02℃$、$0.002℃$ 为间隔等多种。

④ 贝克曼温度计　有温度升高和温度降低两种。主要用于测量温度差。量程范围仅为 $0～5℃$，刻度以 $0.01℃$ 为间隔，但其测量上限或下限可根据要求随意调节，一般供 $-6～+120℃$ 范围内使用。

⑤ 高温温度计　用特硬玻璃或石英玻璃制作，充以氮气或氩气；最高可测温至 $750℃$。

⑥ 低温温度计　如给水银中加入 85% 的 Ti，可测温低至 $-60℃$。

(3) 水银温度计的校正

实际使用水银温度计时，影响其测量精度的因素是很多的。为了消除系统误差，在精确测量中必须进行读数校正。引起误差的主要原因和校正方法如下。

① 零点校正　由于水银温度计下部玻璃球的体积可能因种种原因有所改变，所以水银温度计的读数将与真实值不符，因此必须进行零点校正。一般校正方法是把它与标准温度计进行比较，也可用纯物质的相变点标定校正。

② 露茎校正　全浸式水银温度计如不能全部浸没在被测体系中，则因露出部分与被测体系温度不同，必然存在读数误差，必须予以校正。这种校正方法称为露茎校正。校正方法如图 3-1 所示，校正值按下式计算：

$$\Delta t_{露茎} = Kn(t_{测} - t_{环})$$

式中，$K=0.00016$，是水银对玻璃的相对膨胀系数；n 为

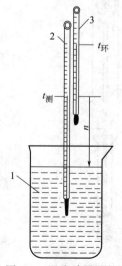

图 3-1　温度计露茎校正

1—被测体系；2—测量温度计；3—辅助温度计

露出于被测体系之外的水银柱长度,称露茎高度,以温度差值表示;$t_{测}$为测量温度计上的读数;$t_{环}$为环境温度,可用一根辅助温度计读出。其水银球置于测量温度计露茎的中部,算出的$t_{露茎}$(可正、可负)加在$t_{测}$上即为校正后的数值:

$$T_{真实} = t_{测} + \Delta t_{露茎}$$

另外有一种半径式水银温度计;在水银球上端不远处有一标志线。测量时只需将线下部浸入被测体系中,无需进行露茎校正。

③ 其他因素的校正 在实际测量时,被测物的温度可能是随着时间改变的,这样被测体系与温度计就不可能建立一个严格的热平衡。如果温度计中水银柱的升高或降低总是滞后于被测体系的温度变化时,则读数值与真实值之间必然有一差值存在,这种测量误差称为迟缓误差。关于其校正计算,可参阅有关温度测量专著。

此外,在透明待测体系中,由于附近热体的辐射也能引起读数误差。测量时应避免光源、热辐射源、高频场等直射于温度计上。其他如:毛细管不均匀、刻度不准确以及水银附着等亦可引起读数误差。

(4) 使用注意事项

① 全浸式水银温度计,使用时应使水银球体及毛细管内水银柱全部浸入被测体系中。要在达到热平衡后毛细管中水银柱面不再移动时方能读数。

② 使用精密温度计时,读数前必须轻轻敲击水银面附近的玻璃管壁,稍停后读数。

③ 读数时,眼睛与水银柱凸面应在同一水平面上。

④ 温度计应尽可能垂直放置,以免因温度计内部水银压力的不同而引起误差。

⑤ 防止骤热,以免引起水银球玻璃破裂或者变形。

⑥ 防止强光等辐射源直接照射水银球。水银温度计是极易损坏的仪器,使用时要严格遵守操作规程,万一将水银温度计损坏,水银洒出,必须按照"汞的安全使用规则"认真处理。

4. 贝克曼温度计

贝克曼(Beckmann)温度计是精确测量温度差值的一种水银温度计。在许多物理化学实验如冰点降低、沸点升高、燃烧热、溶解热、中和热等测量精确温差工作中,测量的精确度要求达到0.002℃,这对于普通温度计来说,很难达到,而贝克曼温度计则能满足上述要求。

(1) 贝克曼温度计构造

贝克曼温度计的构造如图3-2所示。刻度尺的刻度范围一般为0~5℃及0~6℃两种,每一度分为100等份,即刻度线的每一小格为0.01℃,借助放大镜可估读到0.002℃,刻度的排列法有两种,一种是将最大读数刻在上端(温度上升式),另一种是将最大读数刻在下端(温度下降式),水银储槽用以调节温度计下端水银球内的水银量。

(2) 贝克曼温度计的特点

① 刻度精细,刻度线以0.01℃为间隔,可估读至0.002℃,测量精密度较高。

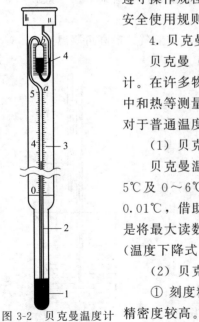

图3-2 贝克曼温度计
1—水银球;2—毛细管;3—刻度;4—储汞槽

② 一般仅有0~5℃及0~6℃的刻度,温度量程较短。

③ 与普通温度计不同,在它的毛细管2上端加装了一个水银储槽4,用来调节水银球1中的水银量,所以可以在不同的温度范围内

应用。

④ 由于水银球 1 内的水银量是可变的，因此水银柱的刻度就不是温度的绝对值读数，只能在量程范围内读出温度间的差值 ΔT，主要用于量热技术中。

(3) 使用方法

使用贝克曼温度计时，首先需要根据被测介质的温度，调节温度计水银球的汞量。例如测量温度降低值时，则贝克曼温度计置于被测介质中的读数应为 4℃ 左右为宜。若汞量过少（示值小于 4℃），则需将储汞槽 4 中的汞适量转移至水银球 1 来，为此，将温度计倒置，使 4 位置高于 1，借重力作用使汞从 4 流向 1，当 4 处的汞面所指温度与被测介质温度相当时，立即使水银柱在 a 处断开。其方法是右手持温度计约 1/2 处，左手轻击右手小臂或手腕产生轻轻震动，水银柱即可在 b 点处断开。然后将温度计水银球置于被测介质中，看温度计指示值是否恰当。如水银还少，则同上法再调节；如水银过多，则需从 1 移出一部分水银至储汞槽中。方法是将贝克曼温度计倒立使水银球 1 内汞借重力作用将过量的水银流入 4 中，随后将水银柱在 b 处断开即可。

如果要测定温度上升值时，则需将温度计置于被测介质中时的示值按上述方法调节到 1℃ 附近。温度计水银球内的汞柱的调节不一定一次能够满足实验要求，所以有时要反复进行调节方可。

(4) 使用注意事项

① 贝克曼温度计由薄玻璃制成，尺寸也较大，易受损坏；所以一般只应放置三处：

a. 安装在使用仪器上；

b. 放置在温度计盒中；

c. 握在手中，不能随意搁置。

② 调节时，注意勿让它受剧热或骤冷，还应避免重击。

③ 调节过程中，勿使过多水银进入水银储槽 4。因为当储槽 4 内水银量过多（一般超过标尺 5.0℃ 刻度）时，由于水银本身的重量，致使温度计直立槽内水银与毛细管内水银自行断开，无法进行调节。

④ 调节好的温度计，注意勿使毛细管中的水银再与槽内水银相接。

⑤ 为防止水银黏着在温度计的毛细管内壁上，每次读数前用手指轻轻弹动水银柱附近的管壁。

⑥ 当测量精度要求高时，对贝克曼温度计也要进行校正。

5. 电阻温度计

电阻温度计是利用物质的电阻随温度变化的特性制成的测温仪器。任何物体的电阻都与温度有关，因此都可以用来测量温度。但是，能满足实际要求的并不多。在实际应用中，不仅要求有较高的灵敏度，而且要求有较高的稳定性和重现性。目前，按感温元件的材料来分有金属导体和半导体两大类。金属导体有铂、铜、镍、铁和铑铁合金。目前大量使用的材料为铂、铜和镍。铂制成的为铂电阻温度计，铜制成的为铜电阻温度计，都属于定型产品。半导体有锗、碳和热敏电阻（氧化物）等。

(1) 铂电阻温度计

铂容易提纯，化学稳定性高，电阻温度系数稳定且重现性很好。所以，铂电阻与专用精密电桥或电位差计组成的铂电阻温度计，有极高的精确度，被选定为 13.81K（−259.34℃）～903.89K（630.74℃）温度范围的标准温度计。

铂电阻温度计用的纯铂丝，必须经 933.35K（660℃）退火处理，绕在交叉的云母片上，密封在硬质玻璃管中，内充干燥的氦气，成为感温元件，用电桥法测定铂丝电阻。

在 273K 时，铂电阻的温度系数大约为 $0.00392\Omega\cdot K^{-1}$。此温度下电阻为 25Ω 的铂电阻温度计，温度系数大约为 $0.1\Omega\cdot K^{-1}$，欲使所测温度能准确到 0.001K，测得的电阻值必须精确到 $\pm 10^{-4}\Omega$ 以内。

（2）热敏电阻温度计

热敏电阻的电阻值会随着温度的变化而发生显著的变化，它是一个对温度变化极其敏感的元件。它对温度的灵敏度比铂电阻、热电偶等其他感温元件高得多。目前，常用的热敏电阻由金属氧化物半导体材料制成，能直接将温度变化转换成电性能，如电压或电流的变化，测量电性能变化，就可得到温度变化结果。

热敏电阻与温度之间并非线性关系，但当测量温度范围较小时，可近似为线性关系。实验证明，其测定温差的精度足以和贝克曼温度计相比，而且还具有热容量小、响应快、便于自动记录等优点。根据电阻-温度特性，可将热敏电阻器分为两类。

① 具有正温度系数的热敏电阻器（positive temperature coefficient，PTC）。
② 具有负温度系数的热敏电阻器（negative temperature coefficient，NTC）。

6. 热电偶温度计

热电偶是目前工业测温中最常用的传感器，这是由于它具有以下优点：

① 灵敏度高，可达 10^{-4}℃；
② 测温范围广，在 -270~2800℃ 范围内有相应产品可供选用；
③ 结构简单，使用维修方便，可作为自动控温检测器等。

两种不同金属导体构成一个闭合线路，如果连接点温度不同，回路中将会产生一个与温差有关的电势，称为温差电势。这样的一对金属导体称为热电偶，可以利用其温差电势测定温度。热电偶根据材质可分为廉价金属、贵金属、难熔金属和非金属四种。其具体材质、对应组成、使用温度及热电势系数见表 3-3。

表 3-3 热电偶基本参数

热电偶类别	材质及组成	新分度号	旧分度号	使用范围/℃	热电势系数/$mV\cdot K^{-1}$
廉价金属	铁-康铜($CuNi_{40}$)		FK	0~+800	0.0540
	铜-康铜	T	CK	-200~+300	0.0428
	镍铬$_{10}$-考铜($CuNi_{43}$)		EA-2	0~+800	0.0695
	镍铬-考铜		NK	0~+800	
	镍铬-镍硅	K	EU-2	0~+1300	0.0410
	镍铬-镍铝($NiAl_2SiMg_2$)			0~+1100	0.0410
贵金属	铂-铂铑$_{10}$	S	LB-3	0~+1600	0.0064
	铂铑$_{30}$-铂铑$_6$	B	LL-2	0~+1800	0.00034
难熔金属	钨铼$_5$-钨铼$_{20}$		WR	0~+200	

热电偶的两根材质不同的电偶丝，需要在氧焰或电弧中熔接。为了避免短路，需将电偶丝穿在绝缘套管中。

使用时一般是将热电偶的一个接点放在待测物体中（热端），而将另一端放在储有冰水的保温瓶中（冷端），这样可以保持冷端的温度恒定（见图 3-3）。

为了提高测量精度，需使温差电势增大，为此可将几支热电偶串联，称为热电堆。热电堆的温差电势等于各个热电偶温差电势之和。

温差电势可以用直流毫伏表、电位差计或数字电压表测量。热电偶是良好的温度变换器，可以直接将温度参数转换成电参量，可自动记录和实现复杂的数据处理、控制，这是水银温度计无法比拟的。

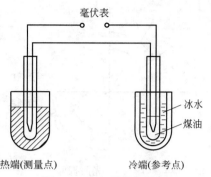

图 3-3　热电偶的使用

二、折射率的测量和仪器

1. 折射率的概念

光在不同介质中的传播速度是不同的，所以光线从一个介质进入另一个介质，当它的传播方向与两个介质的界面不垂直时，则在界面处的传播方向发生改变，这种现象称为折射现象。

根据斯内尔（Snell）折射定律：波长一定的单色光线，在确定的外界条件（如温度、压力等）下，从一个介质 A 进入另一个介质 B 中，入射角 α 和折射角 β 的正弦之比和这两个介质的折射率 N（介质 A 的）与 n（介质 B 的）成反比（图 3-4），即：

$$\frac{\sin\alpha}{\sin\beta}=\frac{n}{N}$$

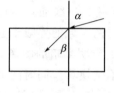

图 3-4　光通过界面时的折射

若介质 A 是真空，则定其 $N=1$（是一常数），于是：$n=\dfrac{\sin\alpha}{\sin\beta}$，称为绝对折射率。

2. 折射率的应用和影响因素

折射率与物质的结构有关。在一定的条件下，纯物质具有恒定的折射率。折射率是有机化合物最重要的物理常数之一，作为液体化合物的纯度标准比沸点更可靠，可用来鉴定未知物或鉴定物质的纯度。测定值越接近文献值，就表明样品的纯度越高。折射率也可用于确定液体混合物的组成。

物质的折射率不但与它的结构和光线波长有关，而且也受温度、压力等因素的影响，所以折射率的表示须注明所用的光线和测定时的温度，通常用 20℃ 时，以钠光灯发出的波长为 589.3nm 的黄光即所谓的"钠 D 线"为入射光所测得的折射率，可用下列形式加以报告，例如：$n_D^{20}=1.4892$。式中，n 代表物质的折射率；n 的上角标（20）指明的是测定时的温度（摄氏度），下角标则标明使用钠灯的 D 线（589.3nm）光作光源进行测定的。一般不考虑大气压的变化，因为大气压的变化并不显著影响折射率，所以在一般测定中都不做考虑。

温度对折射率影响很大，一般地讲，当温度升高 1℃ 时，液体有机物的折射率就减少 $3.5\times10^{-4}\sim5.5\times10^{-4}$，某些有机物，特别是测定折射率时的温度与沸点接近时，其温度系数可达 7×10^{-4}，为了便于计算，一般采用 4×10^{-4} 为其温度变化常数，这样一般都会带来一些误差。

为了检验已知样品的纯度，应将实测值进行校正，以便同文献值对照。例如某液体在 25℃ 时的实测值为 1.4148，其校正值应为：

$$n_D^{20}=1.4148+5\times4\times10^{-4}=1.4168$$

在严格的测定中，折光仪应与恒温槽相连。

3. 折光仪的测量原理

阿贝折光仪是根据光的全反射原理设计的仪器，它利用全反射临界角的测定方法测定未

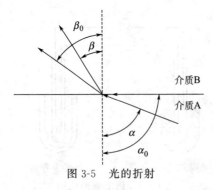

图 3-5 光的折射

知物质的折射率,可定量分析溶液中的某些成分,检验物质的纯度。

阿贝折光仪的简单光学原理(图3-5):当光由介质A进入介质B,如果介质A对介质B是疏物质,即 $n_A < n_B$,则折射角 β 必小于入射角 α,当入射角 α 为90°, $\sin\alpha=1$,这时折射角 β 达到最大值,称为临界角,我们用 β_0 表示。

很明显,在一定波长与一定条件下, β_0 是常数,它与折射率的关系是: $n=1/\sin\alpha$,这样通过测定临界角 β_0 就可以得到折射率,这就是阿贝折光仪的基本光学原理。

4. 阿贝折光仪的使用和注意事项

为了测定临界角 β_0 值,这种仪器是采用"半明半暗"的方法,就是让单色光由0°~90°的所有角度从介质A射入介质B,这时介质B中的临界角以内的整个区域有光线通过,因而是光亮的,而临界角以外的全部区域没有光线通过,因而是暗的,明暗两区域的界限十分清楚,如果在介质B的上方用一目镜观测,就可见到一个界限十分清晰的半明半暗的图像。

阿贝折光仪的标尺上所刻的读数是换算后的折射率,可直接读数,不须换算。同时阿贝折光仪有消色散装置,故可直接使用日光,其测得的数字与钠光所测一样,这是阿贝折光仪的优点。

阿贝折光仪的主要组成部分是两块直角棱镜,上面一块是光滑的,下面一块表面是磨砂的,可以开启。筒内装有消色散镜,光线由反射镜反射入下面的棱镜,发生漫射,以不同入射角射入两个棱镜之间的液层,然后再射到上面棱镜光滑的表面上,由于它的折射率很高,一部分光线可以再经折射进入空气而达到测量镜,另一部分光线则发生全反射,调节螺旋以使测量镜中的视野在其临界角,再从读数中读出折射率。

实验室常用的2WA-J型阿贝折光仪的结构如图3-6所示。

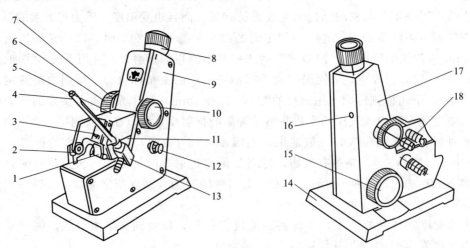

图 3-6 2WA-J型阿贝折光仪结构图

1—反射镜;2—转轴折光棱镜;3—遮光板;4—温度计;5—进光棱镜;6—色散调节手轮;
7—色散值刻度圈;8—目镜;9—盖板;10—棱镜锁紧手轮;11—折射棱镜座;
12—照明刻度盘聚光镜;13—温度计座;14—底座;15—折射率刻度调节手轮;
16—调节物镜螺丝孔;17—壳体;18—恒温器接头

使用折光仪应注意以下数点。

① 阿贝折光仪的量程从 1.3000 至 1.7000，精密度为 ±0.0001；测量时应注意保温套温度是否正确。

② 仪器在使用或储藏时，均不应曝于日光中，不用时应用黑布罩住。

③ 折光仪的棱镜必须注意保护，不能在镜面上造成刻痕。滴加液体时，滴管的末端切不可触及棱镜。

④ 在每次滴加样品前应洗净镜面；在使用完毕后，也应用丙酮或 95% 乙醇洗净镜面，待晾干后再闭上棱镜。

⑤ 对棱镜玻璃、保温套金属及其间的胶合剂有腐蚀或溶解作用的液体，均应避免使用。

⑥ 阿贝折光仪不能在较高温度下使用；对于易挥发或易吸水样品，测量有些困难；另外对样品的纯度要求也较高。

阿贝折光仪使用方法如下。

① 把温度计旋入仪器的温度计座内，用乳胶管把测量棱镜和辅助棱镜上保温套的进、出水口与恒温水浴串接起来，将温度调节到所需测定温度，待温度稳定 10min 后，即可测定。

② 旋开棱镜锁紧扳手，开启辅助棱镜，用擦镜纸蘸少量 95% 乙醇，轻轻擦洗上、下镜面，风干。

③ 测量时，用洁净的长滴管将待测样品液体 2~3 滴均匀地置于下面棱镜的毛玻璃面上。此时应注意切勿使滴管尖端直接接触镜面，以免造成划痕。迅速闭合辅助棱镜，旋紧锁紧扳手，锁紧棱镜。调节反射镜，使入射光进入棱镜组，调节测量目镜，从目镜中观察，使视场最亮、最清晰。

提示：若被测液体为易挥发物，则在测定过程中须用针管在棱镜侧面的一小孔内加以补充，或快速测定。

④ 先轻轻转动右下方的折射率刻度调节手轮，并在目镜内找到明暗分界线或彩色光带，再转动右上方的色散调节手轮（阿米西棱镜手轮），消除色散，便可看到一条明晰的明暗分界线。目镜中观察到的几种图案分别如图 3-7。

正确　　　有彩色带　　　未对准　　　视野

图 3-7　目镜中观察到的几种图案

⑤ 若分界线不在十字交叉线的中心上，再转动折射率刻度调节手轮，使分界线对准十字交叉线的中心，并在目镜中读取数字刻度盘下方的数值，即为折射率值，读至小数点后四位。重复该操作三次，取其平均值。并记下阿贝折光仪温度计的读数作为被测液体的温度。

注意：刻度盘附有一照明刻度盘聚光镜（如图 3-6 中的 12），可使视野明亮，便于读数。从读数镜中读取折射率时，要注意标尺上方的数值为糖的百分浓度（测定糖溶液浓度的操作与测折射率相同）；而下方数值才是所测液体在该测定温度时的折射率。

⑥ 按步骤②擦洗棱镜上、下镜面，用同样的方法测定其他待测物的折射率。

⑦ 实验完毕，用 95% 乙醇擦洗棱镜上、下镜面，及用干净软布擦净整台折光仪，妥善

复原。

三、旋光度的测量和旋光仪

1. 平面偏振光和物质的旋光性

（1）偏振光和偏振光的振动面

光波是电磁波，是横波。其特点之一是光的振动方向垂直于其传播方向。普通光源所产生的光线是由多种波长的光波组成，它们都在垂直于其传播方向的各个不同的平面上振动。光波的振动平面可以有无数，但都与其前进方向相垂直。

当一束单色光通过尼科耳棱镜时，由于尼科耳棱镜只能使与其晶轴相平行的平面内振动的光线通过，因而通过尼科耳棱镜的光线，就只在一个平面上振动。这种光线叫做平面偏振光，简称偏振光（图3-8）。偏振光的振动方向与其传播方向所构成的平面，叫做偏振光的振动面。

图 3-8　平面偏振光的形成

当普通光线通过尼科耳棱镜成为偏振光后，在使偏振光通过另一个尼科耳棱镜时，则在第二个尼科耳棱镜后面可以观察到如下现象：如果两个尼科耳棱镜平行放置（晶体相互平行）时，光线的亮度最大；如果两个棱镜成其他角度时，则光线的亮度发生不同程度的减弱，接近90°时较暗，接近0°时较明亮。

（2）旋光性物质和物质的旋光性

自然界中有许多物质对偏振光的振动面不发生影响，例如水、乙醇、丙酮、甘油及氯化钠等；还有另外一些物质却能使偏振光的振动面发生偏转，如某种乳酸及葡萄糖的溶液。能使偏振光的振动面发生偏转的物质具旋光性，叫做旋光性物质；不能使偏振光的振动面发生偏转的物质叫做非旋光性物质，它们没有旋光性。

当偏振光通过旋光性物质的溶液时，可以观察到有些物质能使偏振光的振动面向左旋转，这种物质叫做左旋体，具有左旋性，以－表示（图3-9）；另一些物质则使偏振光的振动面向右旋转（顺时针方向）一定的角度，叫做右旋体，它们具有右旋性，以＋表示。

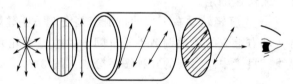

图 3-9　左旋体使偏振光的振动面向左旋转

（3）旋光度和比旋光度

如将两个尼科耳棱镜平行放置，并在两个棱镜之间放一种溶液，在第一个棱镜（起偏镜）前放置单色可见光源，并在第二个棱镜（检偏镜）后进行观察。可以发现，如在管中放置水、乙醇或丙醇时，并不影响光的亮度。

但如果把葡萄糖或某种乳酸的溶液放于管内，则光的亮度就减弱以致变暗。这是由于水、乙醇等是非旋光性物质，不影响偏振光的振动面；而葡萄糖等是旋光性物质，它们能使偏振光的振动面向右或左偏转一定的角度。要达到最大的亮度，必须把检偏镜向右或向左转动同一角度（图3-10）。旋光性物质的溶液使偏振光的振动面旋转的角度，叫做旋光度，以 α 表示。

2. 旋光仪的构造和测试原理

旋光度是由旋光仪（图3-11）进行测定的，旋光仪的主要元件是两块尼科耳棱镜。用于产生平面偏振光的棱镜称为起偏镜，如让起偏镜产生的偏振光照射到另一个透射面与起偏

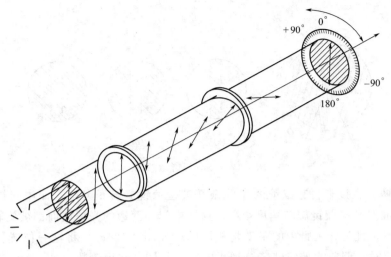

图 3-10 旋光性测定示意图

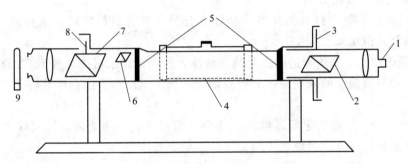

图 3-11 旋光仪构造示意图

1—目镜；2—检偏镜；3—圆形标尺；4—样品管；5—窗口；6—半暗角器件；
7—起偏镜；8—半暗角调节；9—灯

镜透射面平行的尼科耳棱镜，则这束平面偏振光也能通过第二个棱镜，如果第二个棱镜的透射面与起偏镜的透射面垂直，则由起偏镜出来的偏振光完全不能通过第二个棱镜。如果第二个棱镜的透射面与起偏镜的透射面之间的夹角 θ 在 0°～90°之间，则光线部分通过第二个棱镜，此第二个棱镜称为检偏镜。通过调节检偏镜，能使透过的光线强度在最强和零之间变化。如果在起偏镜与检偏镜之间放有旋光性物质，则由于物质的旋光作用，使来自起偏镜的光的偏振面改变了某一角度，只有检偏镜也旋转同样的角度，才能补偿旋光线改变的角度，使透过的光的强度与原来相同。旋光仪就是根据这种原理设计的。

通过检偏镜用肉眼判断偏振光通过旋光物质前后的强度是否相同是十分困难的，这样会产生较大的误差，为此设计了一种在视野中分出三分视界的装置，原理是：在起偏镜后放置一块狭长的石英片，由起偏镜透过来的偏振光通过石英片时，由于石英片的旋光性，使偏振光旋转了一个角度 Φ，通过镜前观察，光的振动方向如图 3-12 所示。

A 是通过起偏镜的偏振光的振动方向，A' 是又通过石英片旋转一个角度后的振动方向，此两偏振方向的夹角 Φ 称为半暗角（$\Phi=2°～3°$），如果旋转检偏镜使透射光的偏振面与 A' 平行时，在视野中将观察到：中间狭长部分较明亮，而两旁较暗，这是由于两旁的偏振光不经过石英片，如图 3-12(b) 所示。如果检偏镜的偏振面与起偏镜的偏振面平行（即在 A 的方向时），在视野中将是：中间狭长部分较暗而两旁较亮，如图 3-12(a)。当检偏镜的偏振面

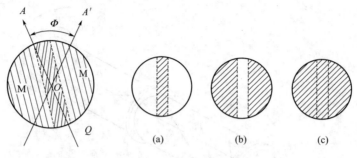

图 3-12 三分视野示意图

处于 $\Phi/2$ 时,两旁直接来自起偏镜的光偏振面被检偏镜旋转了 $\Phi/2$,而中间被石英片转过角度 Φ 的偏振面对被检偏镜旋转角度 $\Phi/2$,这样中间和两边的光偏振面都被旋转了 $\Phi/2$,故视野呈微暗状态,且三分视野内的暗度是相同的,如图 3-12(c),将这一位置作为仪器的零点,在每次测定时,调节检偏镜使三分视界的暗度相同,然后读数。

3. 圆盘旋光仪的使用方法

① 调节望远镜焦距　打开钠光灯,稍等几分钟,待光源稳定后,从目镜中观察视野,如不清楚可调节目镜焦距。

② 仪器零点校正　选用合适的样品管并洗净,充满蒸馏水(应无气泡),放入旋光仪的样品管槽中,调节检偏镜的角度使三分视野消失,读出刻度盘上的刻度并将此角度作为旋光仪的零点。

③ 旋光度测定　零点确定后,将样品管中蒸馏水换成待测溶液,按同样方法测定,此时刻度盘上的读数与零点时读数之差即为该样品的旋光度。

使用注意事项如下。

① 旋光仪在使用时,需通电预热几分钟,但钠光灯使用时间不宜过长。

② 旋光仪是比较精密的光学仪器,使用时,仪器金属部分切忌沾污酸碱,防止腐蚀。

③ 光学镜片部分不能与硬物接触,以免损坏镜片。

④ 不能随便拆卸仪器,以免影响精度。

4. 自动指示旋光仪结构及测试原理

目前国内生产的自动旋光仪,其三分视野检测、检偏镜角度的调整,采用光电检测器,通过电子放大及机械反馈系统自动进行,最后数字显示。该旋光仪具有体积小、灵敏度高、读数方便、减少人为的观察三分视野明暗度相同时产生的误差,对弱旋光性物质同样适应。

WZZ 型自动数字显示旋光仪结构原理如图 3-13 所示。

该仪器用 20W 钠光灯为光源,并通过可控硅自动触发恒流电源点燃,光线通过聚光镜、小孔光柱和物镜后形成一束平行光,然后经过起偏镜后产生平行偏振光,这束偏振光经过有法拉第效应的磁旋线圈时,其振动面产生 50Hz 的一定角度的往复振动,该偏振光线通过检偏镜透射到光电倍增管上,产生交变的光电讯号。当检偏镜的透光面与偏振光的振动面正交时,即为仪器的光学零点,此时出现平衡指示。而当偏振光通过一定旋光度的测试样品时,偏振光的振动面转过一个角度 α,此时光电讯号就能驱动工作频率为 50Hz 的伺服电机,并通过蜗轮杆带动检偏镜转动 α 角而使仪器回到光学零点,此时读数盘上的示值即为所测物质的旋光度。

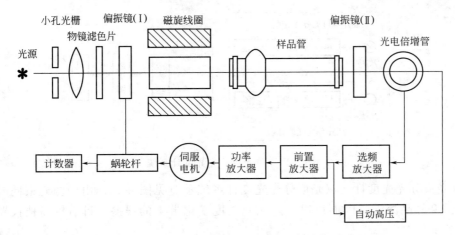

图 3-13 WZZ 型自动数字显示旋光仪结构原理

四、分光光度计

1. 吸收光谱原理

物质中分子内部的运动可分为电子的运动、分子内原子的振动和分子自身的转动，因此具有电子能级、振动能级和转动能级。

当分子被光照射时，将吸收能量引起能级跃迁，即从基态能级跃迁到激发态能级。而三种能级跃迁所需能量是不同的，需用不同波长的电磁波去激发。电子能级跃迁所需的能量较大，一般在 1~20eV，吸收光谱主要处于紫外及可见光区，这种光谱称为紫外及可见光谱。如果用红外线（能量为 1~0.025eV）照射分子，此能量不足以引起电子能级的跃迁，而只能引发振动能级和转动能级的跃迁，得到的光谱为红外光谱。若以能量更低的远红外线（0.025~0.003eV）照射分子，只能引起转动能级的跃迁，这种光谱称为远红外光谱。由于物质结构不同，对上述各能级跃迁所需能量都不一样，因此对光的吸收也就不一样，各种物质都有各自的吸收光带，因而就可以对不同物质进行鉴定分析，这是光度法进行定性分析的基础。

根据朗伯-比耳定律：当入射光波长、溶质、溶剂以及溶液的温度一定时，溶液的吸光度和溶液层厚度及溶液的浓度成正比，若液层的厚度一定，则溶液的吸光度只与溶液的浓度有关。

$$T = \frac{I}{I_0}, \quad A = -\lg T = \lg \frac{1}{T} = \varepsilon l c$$

式中，c 为溶液浓度；A 为某一单色波长下的吸光度（又称光密度）；I_0 为入射光强度；I 为透射光强度；T 为透光率；ε 为摩尔吸光系数；l 为液层厚度。

在待测物质的厚度 l 一定时，吸光度与被测物质的浓度成正比，这就是分光光度法定量分析的依据。

2. 分光光度计的构造原理

（1）分光光度计的类型及概略系统图

① 单光束分光光度计　单光束分光光度计系统示意见图 3-14。每次测量只能允许参比溶液或样品溶液的一种进入光路中。这种仪器的特点是结构简单，价格便宜，主要适用于定量分析。其缺点是测量结果受电源的波动影响较大，容易给定量结果带来较大误差。此外，这种仪器操作麻烦，不适于作定性分析。

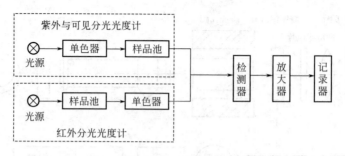

图 3-14　单光束分光光度计系统

② 双光束分光光度计　双光束分光光度计系统示意见图 3-15。由于两光束同时分别通过参比溶液和样品溶液，因而可以消除光源强度变化带来的误差。目前较高档仪器都采用这种。

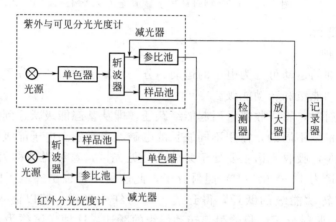

图 3-15　双光束分光光度计系统

以上两类仪器测的光谱图见图 3-16。

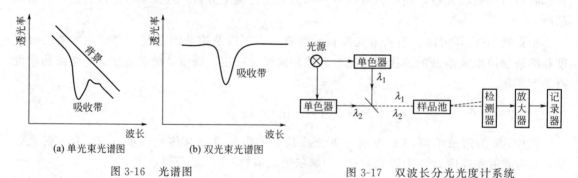

图 3-16　光谱图　　　　　　　　图 3-17　双波长分光光度计系统

③ 双波长分光光度计　双波长分光光度计系统示意见图 3-17。在可见-紫外类单光束和双光束分光光度计中，就测量波长而言，都是单波长的，它们测的是参比溶液和样品溶液吸光度之差。而双波长分光光度计由同一光源发出的光被分成两束，分别经过两个单色器，从而可以同时得到两个不同波长（λ_1 和 λ_2）的单色光。它们交替地照射同一液体，得到的信号是两波长处吸光度之差 ΔA，$\Delta A = A_{\lambda_1} - A_{\lambda_2}$，当两个波长保持 1～2nm 同时扫描时，得到的信号将是一阶导数，即吸光度的变化率曲线。

用双波长法测量时，可以消除因吸收池的参数不同、位置不同、污垢以及制备参比液等带来的误差。它不仅能测量高浓度试样、多组分试样,而且能测定一般分光光度计不宜测定的浑浊试样。测定相互干扰的混合试样时,操作简单,且精度高。

(2) 光学系统的各部分简述

分光光度计种类很多,生产厂家也很多。由于篇幅限制,在这里就不能——列举,在此把光学系统中的几个重要部件介绍一下。

① 光源 对光源的主要要求是:对整个测定波长领域要有均一且平滑连续的强度分布,不随时间而变化,光散射后到达检测器的能量不能太弱。一般可见光区域为钨灯,紫外区域为氘或氢灯,红外区域为硅碳棒或能斯特灯。

② 单色器 单色器是将复合光分成单色光的装置,一般可用滤光片、棱镜、光栅、全息栅等元件。现在比较常用的是棱镜和光栅。单色器材料,可见分光光度计为玻璃,紫外分光光度计为石英,而红外分光光度计为 LiF、CaF_2 及 KBr 等材料。

a. 棱镜 光线通过一个顶角为 θ 的棱镜,从 AC 方向射向棱镜,如图 3-18 所示,在 C 点发生折射。光线经过折射后在棱镜中沿 CD 方向到达棱镜的另一个界面上,在 D 点又一次发生折射,最后光在空气中沿 DB 方向行进。这样光线经过此棱镜后,传播方向从 AA' 变为 BB',两方向的夹角 δ 称为偏向角。偏向角与棱镜的顶角 θ、棱镜材料的折射率以及入射角 i 有关。如果平行的入射光由 λ_1、λ_2、λ_3 三色光组成,且 $\lambda_1 < \lambda_2 < \lambda_3$,通过棱镜后,就分成三束不同方向的光,且偏向角不同。波长越短,偏向角越大,如图 3-19 所示 $\delta_1 < \delta_2 < \delta_3$,这即为棱镜的分光作用,又称光的色散,棱镜分光器就是根据此原理设计的。

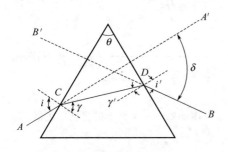
图 3-18 棱镜的折射

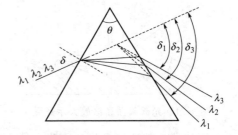
图 3-19 不同波长的光在棱镜中的色散

棱镜是分光的主要元件之一,一般是三角柱体。棱镜单色器示意图如图 3-20 所示。

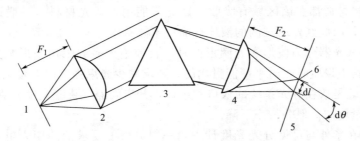
图 3-20 棱镜单色器示意图

1—入射狭缝;2—准直透镜;3—色散元件;4—聚焦透镜;5—焦面;6—出射狭缝

b. 光栅 单色器还可以用光栅作为色散元件,反射光栅是由磨平的金属表面上刻划许多平行的、等距离的槽构成。辐射由每一刻槽反射,反射光束之间的干涉造成色散。

反射式衍射光栅是在衬底上周期地刻划很多微细的刻槽,一系列平行刻槽的间隔与波长相当,光栅表面涂上一层高反射率金属膜。光栅沟槽表面反射的辐射相互作用产生衍射和干涉。对某波长，在大多数方向消失，只在一定的有限方向出现，这些方向确定了衍射级次。如图 3-21 所示，光栅刻槽垂直辐射入射平面，辐射与光栅法线入射角为 α，衍射角为 β，衍射级次为 m，d 为刻槽间距，在下述条件下得到干涉的极大值：

$$m\lambda = d(\sin\alpha + \sin\beta)$$

定义 φ 为入射光线与衍射光线夹角的一半，即 $\varphi=(\alpha-\beta)/2$；θ 为相对于零级光谱位置的光栅角，即 $\theta=(\alpha+\beta)/2$，得到更方便的光栅方程：

$$m\lambda = 2d\cos\varphi\sin\theta$$

从该光栅方程可看出：对一给定方向 β，可以有几个波长与级次 m 相对应 λ 满足光栅方程。比如 600nm 的一级辐射和 300nm 的二级辐射、200nm 的三级辐射有相同的衍射角。

衍射级次 m 可正可负。对相同级次的多波长，在不同的 β 分布开。含多波长的辐射方向固定，旋转光栅，改变 α，则在 $\alpha+\beta$ 不变的方向得到不同的波长。

当一束复合光线进入光谱仪的入射狭缝，首先由光学准直镜准直成平行光，再通过衍射光栅色散为分开的波长（颜色）。利用不同波长离开光栅的角度不同，由聚焦反射镜再成像于出射狭缝（图 3-22）。通过电脑控制可精确地改变出射波长。

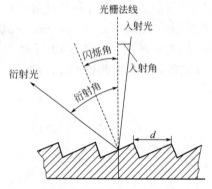
图 3-21　光栅截面高倍放大示意图

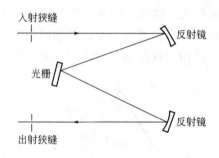
图 3-22　一个简单的光栅单色器

③ 斩波器　其功能是将单束光分成两路光。

④ 样品池　在紫外及可见分光光度法中，一般使用液体试液，对样品池的要求，主要是能透过有关辐射线。通常，可见区域可以用玻璃样品池，紫外区域用石英样品池，而在红外区域，由于上述材料都在该区域有吸收，因此不能用作透光材料。一般选用 NaCl、KBr 及 KRS-5 等材料，因此红外区域测的液体样品中不能有水。

⑤ 减光器　减光器分为楔形和光圈形两种。目前绝大多数采用楔形减光器。减光器是为了当样品在光路中发生吸收时平衡能量用的，要求减少光束强度时要均匀且呈线性变化。

⑥ 狭缝　狭缝是放在分光系统的入口和出口，开启间隔（狭缝宽度）直接影响分辨率。狭缝大，光的能量增加，但分辨率下降。

⑦ 检测器　在紫外与可见分光光度计中，一般灵敏度要求低的用光电管，较高的用光电倍增管，在红外分光光度计则用高真空管热电偶、测热辐射计、高莱池、光电导检测器以及热释电检测器。

3. 操作步骤

分光光度计的型号非常多，操作不尽相同，在这里只能把测量时的基本步骤列一下。

① 开启电源，预热仪器。

② 选择测量纵坐标方式，一般为吸光度或透光率。

③ 选择测试波长及合适的样品池,加入参比和样品溶液并放入样品池室的支架上。

④ 手动型分光光度计使用时,打开样品池室的箱盖,用调"0"电位器使数字显示为"0",以消除暗电流。将参比池拉入光路中,盖上比色皿室的箱盖。当测透光率时,调节相应旋钮使数字显示为"100",如果显示不到"100",可适当增加灵敏度的挡数。测吸光度时,调节相应旋钮使数字显示为"000.0"。然后将样品池推入光路中读取数值。

⑤ 自动型分光光度计使用时,单光束将参比放入测量光路中,在扫描范围内测其基线。然后把样品溶液并放入测量光路中测得谱图。双光束将参比和样品溶液分别放入两测量光路中直接扫描即可。红外分光光度计一般用空气作为参比。

⑥ 测量完毕后,关闭开关,取下电源插头,取出样品池洗净、放好,盖好比色皿室箱盖和仪器。

4. 注意事项

① 正确选择样品池材质。不能用手触摸光面的表面。

② 仪器配套的比色皿不能与其他仪器的比色皿单个调换。如需增补,经校正后方可使用。

③ 开关样品室盖时,应小心操作,防止损坏光门开关。

④ 不测量时,应使样品室盖处于开启状态,否则会使光电管疲劳,数字显示不稳定。

⑤ 当光线波长调整幅度较大时,需稍等数分钟才能工作。因光电管受光后,需有一段响应时间。

五、电导率的测量和仪器

电导是电阻的倒数,因此电导值的测量,实际上是通过电阻值的测量再换算的,也就是说电导的测量方法应该与电阻的测量方法相同。但在溶液电导的测定过程中,当电流通过电极时,由于离子在电极上会发生放电,产生极化而引起误差,故测量电导时要使用频率足够高的交流电,以防止电解产物的产生。另外,所用的电极镀铂黑是为了减少超电位,提高测量结果的准确性。

测量溶液电导率的仪器,目前广泛使用的是DDS-11A型电导率仪。是基于"电阻分压"原理的不平衡测量方法,它测量范围广,可以测定一般液体和高纯水的电导率,操作简便,可以直接从表上读取数据。

1. 测量原理

电导率仪的测量原理如图3-23所示。把振荡器产生的一个交流电源U,送到电导池R_x与量程电阻(分压电阻)R_m的串联回路里,电导池里的溶液电导越大,R_x越小,R_m获得电压U_m也就越大。将U_m送至交流放大器放大,再经过信号整流,以获得推动表头的直流信号输出,表头直读电导率。可知

$$U_m = \frac{UR_m}{R_m + R_x} = \frac{UR_m}{R_m + \frac{K_{cell}}{\kappa}}$$

式中,K_{cell}为电导池常数。当U、R_m和K_{cell}均为常数时,电导率κ的变化必将引起U_m作相应的变化,所以测量U_m的大小,也就测得溶液电导率的数值。

该机振荡产生低周(约140Hz)及高周(约1100Hz)两个频率,分别作为低电导率测量和高电导率测量的信号源频率。振荡器用变压器耦合输出,因而使信号U不随R_x变化而改变。因为测量信号是交流电,因而电极极片间及电极引线间均出现了不可忽视的分布电容

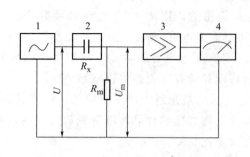

图 3-23 电导率仪测量原理
1—振荡器；2—电导池；3—放大器；4—指示器

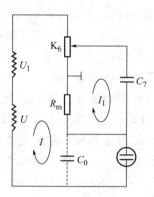

图 3-24 电容补偿原理

C_0（大约 60pF），电导池则有电抗存在，这样将电导池视作纯电阻来测量，则存在比较大的误差，特别是在 $0\sim0.1\mu S\cdot cm^{-1}$ 低电导率范围内时，此项影响较显著，需采用电容补偿消除之，其原理见图 3-24。

信号源输出变压器的次级有两个输出信号 U_1 及 U，U_1 作为电容的补偿电源。U_1 与 U 的相位相反，所以由 U_1 引起的电流 I_1 流经 R_m 的方向与测量信号 I 流过 R_m 的方向相反。测量信号 I 中包括通过纯电阻 R_x 的电流和流过分布电容 C_0 的电流。调节 K_6 可以使 I_1 与流过 C_0 的电流振幅相等，使它们在 R_m 上的影响大体抵消。

2. 使用方法

DDS-11A 型电导率仪的面板如图 3-25 所示。

① 打开电源开关前，应观察表针是否指零，若不指零时，可调节表头的螺丝，使表针指零。

② 将校正、测量开关拨在"校正"位置。

③ 打开电源开关，此时指示灯亮。预热数分钟，待指针稳定后。调节校正调节器，使表针指向满刻度。

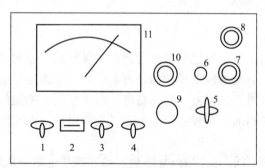

图 3-25 DDS-11A 型电导率仪面板
1—电源开关；2—指示灯；3—高周、低周开关；4—校正、测量开关；5—量程选择开关；6—电容补偿调节器；7—电极插口；8—10mV 输出插口；9—校正调节器；10—电极常数调节器；11—表头

④ 根据待测液电导率的大致范围选用低周或高周，并将高周、低周开关拨向所选位置（参阅 3）。

⑤ 将量程选择开关拨到测量所需范围。如预先不知道被测溶液电导率的大小，则由最大挡逐挡下降至合适范围，以防表针打弯。

⑥ 根据电极选用原则（参阅 3），选好电极并插入电极插口。各类电极要注意调节好配套电极常数，如配套电极常数为 0.95（电极上已标明），则将电极常数调节器调节到相应的位置 0.95 处。

⑦ 倾去电导池中电导水，将电导池和电极用少量待测液洗涤 2~3 次，再将电极浸入待测液中并恒温。

⑧ 将校正、测量开关拨向"测量"，这时表头上的指示读数乘以量程开关的倍率，即为

待测液的实际电导率。如果选用 DJS-10 型铂黑电极时，应将测得的数据乘以 10，即为待测液的电导率。

⑨ 当量程开关指向黑点时，读表头上刻度（$0\sim1.0\mu S\cdot cm^{-1}$）的数；当量程开关指向红点时，读表头下刻度（$0\sim3.0\mu S\cdot cm^{-1}$）的数值。

⑩ 当用 $0\sim0.1\mu S\cdot cm^{-1}$ 或 $0\sim0.3\mu S\cdot cm^{-1}$ 这两挡测量高纯水时，在电极未浸入溶液前，调节电容补偿调节器，使表头指示为最小值（此最小值是电极铂片间的漏阻，由于此漏阻的存在，使调节电容补偿调节器时表头指针不能达到零点），然后开始测量。

⑪ 如要想了解在测量过程中电导率的变化情况，将 10mV 输出接到自动平衡记录仪即可。

3. 电极选择原则

电极选择原则列在表 3-4 中。

表 3-4 电极选择原则

量程	电导率/$\mu S\cdot cm^{-1}$	测量频率	配套电极
1	$0\sim0.1$	低周	DJS-1 型光亮电极
2	$0\sim0.3$	低周	DJS-1 型光亮电极
3	$0\sim1$	低周	DJS-1 型光亮电极
4	$0\sim3$	低周	DJS-1 型光亮电极
5	$0\sim10$	低周	DJS-1 型光亮电极
6	$0\sim30$	低周	DJS-1 型铂黑电极
7	$0\sim10^2$	低周	DJS-1 型铂黑电极
8	$0\sim3\times10^2$	低周	DJS-1 型铂黑电极
9	$0\sim10^3$	高周	DJS-1 型铂黑电极
10	$0\sim3\times10^3$	高周	DJS-1 型铂黑电极
11	$0\sim10^4$	高周	DJS-1 型铂黑电极
12	$0\sim10^5$	高周	DJS-10 型铂黑电极

光亮电极用于测量较小的电导率（$0\sim10\mu S\cdot cm^{-1}$），而铂黑电极用于测量较大的电导率（$10\sim10^5\mu S\cdot cm^{-1}$）。实验中通常用铂黑电极，因为它的表面比较大，这样降低了电流密度，减少或消除了极化。但在测量低电导率溶液时，铂黑对电解质有强烈的吸附作用，出现不稳定的现象，这时宜用光亮铂电极。

4. 注意事项

① 电极的引线不能潮湿，否则测不准。
② 高纯水应迅速测量，否则空气中 CO_2 溶入水中变为 CO_3^{2-}，使电导率迅速增加。
③ 测定一系列浓度待测液的电导率，应注意按浓度由小到大的顺序测定。
④ 盛待测液的容器必须清洁，没有离子沾污。
⑤ 电极要轻拿轻放，切勿触碰铂黑。

六、原电池电动势的测量及仪器

原电池电动势一般是用直流电位差计并配以饱和式标准电池和检流计来测量的。电位差计可分为高阻型和低阻型两类，使用时可根据待测系统的不同选用不同类型的电位差计。通常高电阻系统选用高阻型电位差计，低电阻系统选用低阻型电位差计。但不管电位差计的类型如何，其测量原理都是一样的。下面具体以 UJ-25 型电位差计为例，分别说明其原理及使用方法。

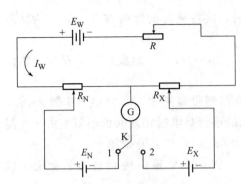

图 3-26 对消法测量电动势原理示意
E_W—工作电源；E_N—标准电池；
E_X—待测电池；R—调节电阻；
R_X—待测电池电动势补偿电阻；
K—转换电键；R_N—标准电池
电动势补偿电阻；G—检流计

UJ-25 型直流电位差计属于高阻电位差计，它适用于测量内阻较大的电源电动势，以及较大电阻上的电压降等。由于工作电流小，线路电阻大，故在测量过程中工作电流变化很小，因此需要高灵敏度的检流计。它的主要特点是测量时几乎不损耗被测对象的能量，测量结果稳定、可靠，而且有很高的准确度。

1. 测量原理

电位差计是按照对消法测量原理而设计的一种平衡式电学测量装置，能直接给出待测电池的电动势值（以伏特表示）。图 3-26 是对消法测量电动势原理示意。从图 3-26 可知电位差计由三个回路组成：工作电流回路、标准回路和测量回路。

① 工作电流回路，也叫电源回路。从工作电源正极开始，经电阻 R_N、R_X，再经工作电流调节电阻 R，回到工作电源负极。其作用是借助于调节 R 使在补偿电阻上产生一定的电位降。

② 标准回路。从标准电池的正极开始（当换向开关 K 扳向"1"一方时），经电阻 R_N，再经检流计 G 回到标准电池负极。其作用是校准工作电流回路以标定补偿电阻上的电位降。通过调节 R 使 G 中电流为零，此时 R_N 产生的电位降与标准电池的电动势 E_N 相对消，也就是说大小相等而方向相反。校准后的工作电流 I_W 为某一定值，即 $I_W = E_N/R_N$。

③ 测量回路。从待测电池的正极开始（当换向开关 K 扳向"2"一方时），经检流计 G 再经电阻 R_X，回到待测电池负极。在保证校准后的工作电流 I_W 不变，即固定 R 的条件下，调节电阻 R_X，使得 G 中电流为零。此时 R_X 产生的电位降与待测电池的电动势 E_X 相对消，即 $E_X = I_W R_X$，则 $E_X = (E_N/R_N)R_X$。

所以当标准电池电动势 E_N 和标准电池电动势补偿电阻 R_N 两个数值确定时，只要测出待测电池电动势补偿电阻 R_X 的数值，就能测出待测电池电动势 E_X。

从以上工作原理可见，用直流电位差计测量电动势时，有两个明显的优点。

① 在两次平衡中检流计都指零，没有电流通过，也就是说电位差计既不从标准电池中吸取能量，也不从被测电池中吸取能量，表明测量时没有改变被测对象的状态，因此在被测电池的内部就没有电压降，测得的结果是被测电池的电动势，而不是端电压。

② 被测电动势 E_X 的值是由标准电池电动势 E_N 和电阻 R_N、R_X 来决定的。由于标准电池的电动势的值十分准确，并具有高度的稳定性，而电阻元件也可以制造得具有很高的准确度，所以当检流计的灵敏度很高时，用电位差计测量的准确度就非常高。

2. 使用方法

UJ-25 型电位差计面板如图 3-27 所示。电位差计使用时都配用灵敏检流计和标准电池以及工作电源。UJ-25 型电位差计测电动势的范围其上限为 600V，下限为 0.000001V，但当测量高于 1.911110V 以上电压时，就必须配用分压箱来提高上限。下面说明测量 1.911110V 以下电压的方法。

(1) 连接线路

先将（N、X_1、X_2）转换开关放在断的位置，并将左下方三个电计按钮（粗、细、短

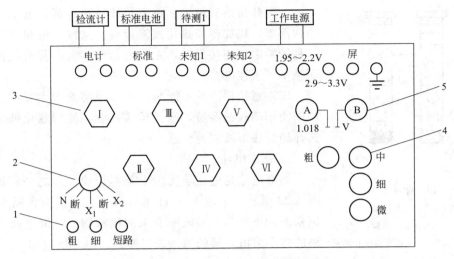

图 3-27　UJ-25 型电位差计面板

1—电计按钮（共 3 个）；2—转换开关；3—电势测量旋钮（共 6 个）；
4—工作电流调节旋钮（共 4 个）；5—标准电池温度补偿旋钮

路）全部松开，然后依次将工作电源、标准电池、检流计以及被测电池按正、负极性接在相应的端钮上，检流计没有极性的要求。

(2) 调节工作电压（标准化）

将室温时的标准电池电动势值算出，调节温度补偿旋钮（A、B），使数值为校正后的标准电池电动势。

将（N、X_1、X_2）转换开关放在 N（标准）位置上，按"粗"电计旋钮，旋动右下方（粗、中、细、微）四个工作电流调节旋钮，使检流计示零。然后再按"细"电计按钮，重复上述操作。注意按电计按钮时，不能长时间按住不放，需要"按"和"松"交替进行。

(3) 测量未知电动势

将（N、X_1、X_2）转换开关放在 X_1 或 X_2（未知）的位置，按下电计"粗"，由左向右依次调节六个测量旋钮，使检流计示零。然后再按下电计"细"按钮，重复以上操作使检流计示零。读出六个旋钮下方小孔示数的总和即为电池的电动势。

3. 注意事项

① 测量过程中，若发现检流计受到冲击时，应迅速按下短路按钮，以保护检流计。

② 由于工作电源的电压会发生变化，故在测量过程中要经常标准化。另外，新制备的电池电动势也不够稳定，应隔数分钟测一次，最后取平均值。

③ 测定时电计按钮按下的时间应尽量短，以防止电流通过而改变电极表面的平衡状态。

④ 若在测定过程中，检流计一直往一边偏转，找不到平衡点，这可能是电极的正负号接错、线路接触不良、导线有断路、工作电源电压不够等原因引起，应该进行检查。

其他配套仪器及设备如下。

1. 盐桥

当原电池存在两种电解质界面时，便产生一种称为液体接界电势的电动势，它干扰电池电动势的测定。减小液体接界电势的办法常用盐桥。盐桥是在 U 形玻璃管中灌满盐桥溶液，用捻紧的滤纸塞紧管两端，把管插入两个互相不接触的溶液，使其导通。

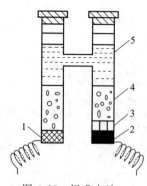

图 3-28 标准电池
1—含 Cd12.5%的镉汞齐；
2—汞；3—硫酸亚汞的糊状物；
4—硫酸镉晶体；5—硫酸镉饱和溶液

一般盐桥溶液用正、负离子迁移速率都接近于 0.5 的饱和盐溶液，比如饱和氯化钾溶液等。这样当饱和盐溶液与另一种较稀溶液相接界时，主要是盐桥溶液向稀溶液扩散，从而减小了液接电势。

应注意盐桥溶液不能与两端电池溶液产生反应。如果实验中使用硝酸银溶液，则盐桥溶液就不能用氯化钾溶液，而选择硝酸铵溶液较为合适。

2. 标准电池

标准电池是电化学实验中基本校验仪器之一，其构造如图 3-28 所示。电池由一 H 形管构成，负极为含镉 12.5%的镉汞齐，正极为汞和硫酸亚汞的糊状物，两极之间盛以硫酸镉的饱和溶液，管的顶端加以密封。电池反应如下。

负极：$Cd(汞齐) \longrightarrow Cd^{2+} + 2e^-$

正极：$Hg_2SO_4(s) + 2e^- \longrightarrow 2Hg(l) + SO_4^{2-}$

电池反应：$Cd(汞齐) + Hg_2SO_4(s) + \dfrac{8}{3}H_2O \Longleftrightarrow 2Hg(l) + CdSO_4 \cdot \dfrac{8}{3}H_2O$

标准电池的电动势很稳定，重现性好，20℃时 $E^\ominus = 1.0186V$，其他温度下 E_t 可按下式算得：

$$E_t = E^\ominus - 4.06 \times 10^{-5}(t-20) - 9.5 \times 10^{-7}(t-20)^2$$

使用标准电池时应注意以下几点。

① 使用温度 4~40℃。
② 正、负极不能接错。
③ 不能振荡，不能倒置，携取要平稳。
④ 不能用万用表直接测量标准电池。
⑤ 标准电池只是校验器，不能作为电源使用，测量时间必须短暂，间歇按键，以免电流过大，损坏电池。
⑥ 电池若未加套直接暴露于日光，会使硫酸亚汞变质，电动势下降。
⑦ 需按规定时间对标准电池进行计量校正。

3. 常用电极

(1) 甘汞电极

甘汞电极是实验室中常用的参比电极。具有装置简单、可逆性高、制作方便、电势稳定等优点。其构造形状很多，但不管哪一种形状，在玻璃容器的底部皆装入少量的汞，然后装汞和甘汞的糊状物，再注入氯化钾溶液，将作为导体的铂丝插入，即构成甘汞电极。甘汞电极表示形式如下：

$$Hg\text{-}Hg_2Cl_2(s) | KCl(a)$$

电极反应为：$Hg_2Cl_2(s) + 2e^- \longrightarrow 2Hg(l) + 2Cl^-(a_{Cl^-})$

$$\varphi_{甘汞} = \varphi^\ominus_{甘汞} - \dfrac{RT}{F}\ln a_{Cl^-}$$

可见甘汞电极的电势随氯离子活度的不同而改变。不同氯化钾溶液浓度的 $\varphi_{甘汞}$ 与温度的关系见表 3-5。

表 3-5 不同氯化钾溶液浓度的 $\varphi_{甘汞}$ 与温度的关系

氯化钾溶液浓度/mol·L^{-1}	电极电势 $\varphi_{甘汞}$/V
饱和	$0.2412-7.6\times10^{-4}(t-25)$
1.0	$0.2801-2.4\times10^{-4}(t-25)$
0.1	$0.3337-7.0\times10^{-5}(t-25)$

各文献上列出的甘汞电极的电势数据常不相符合，这是因为接界电势的变化对甘汞电极电势有影响，由于所用盐桥的介质不同，而影响甘汞电极电势的数据。

使用甘汞电极时应注意以下各点。

① 由于甘汞电极在高温时不稳定，故甘汞电极一般适用于 70℃ 以下的测量。

② 甘汞电极不宜用在强酸、强碱性溶液中，因为此时的液体接界电位较大，而且甘汞可能被氧化。

③ 如果被测溶液中不允许含有氯离子，应避免直接插入甘汞电极，这时应使用双液接甘汞电极。

④ 应注意甘汞电极的清洁，不得使灰尘或局外离子进入该电极内部。

⑤ 当电极内溶液太少时，应及时补充。

(2) 铂黑电极

铂黑电极是在铂片上镀一层颗粒较小的黑色金属铂所组成的电极，这是为了增大铂电极的表面积。

电镀前一般需进行铂表面处理。对新制作的铂电极，可放在热的氢氧化钠乙醇溶液中，浸洗 15min 左右，以除去表面油污，然后在浓硝酸中煮几分钟，取出用蒸馏水冲洗。长时间用过的老化的铂黑电极可浸在 40~50℃ 的混酸中（硝酸∶盐酸∶水＝1∶3∶4），经常摇动电极，洗去铂黑，再经过浓硝酸煮 3~5min 以去氯，最后用水冲洗。

以处理过的铂电极为阴极，另一铂电极为阳极，在 0.5mol·L^{-1} 的硫酸中电解 10~20min，以消除氧化膜。观察电极表面出氢是否均匀，若有大气泡产生，则表明有油污，应重新处理。

在处理过的铂片上镀铂黑，一般采用电解法，电解液的配制如下：3g 氯铂酸 (H_2PtCl_6)+0.08g 醋酸铅 ($PbAc_2\cdot3H_2O$)+100mL 蒸馏水。

电镀时将处理好的铂电极作为阴极，另一铂电极作为阳极。阴极电流密度 15mA·cm^{-2} 左右，电镀约 20min。如所镀的铂黑一洗即落，则需重新处理。铂黑不宜镀得太厚，但太薄又易老化和中毒。

4. 检流计

检流计灵敏度很高，常用来检查电路中有无电流通过。主要用在平衡式直流电测量仪器，如电位差计、电桥作示零仪器。另外在光-电测量、差热分析等实验中测量微弱的直流电流。目前实验室中使用最多的是磁电式多次反射光点检流计，它可以和分光光度计及 UJ-25 型电位差计配套使用。

(1) 工作原理

磁电式检流计结构如图 3-29 所示。当检流计接通电源

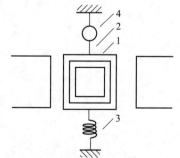

图 3-29 磁电式检流计结构示意图
1—动圈；2—悬丝；
3—电流引线；4—反射小镜

后，由灯泡、透镜和光阑构成的光源发射出一束光，投射到平面镜上，又反射到反射镜上，最后成像在标尺上。

被测电流经悬丝通过动圈时，使动圈发生偏转，其偏转的角度与电流的强弱有关。因平面镜随动圈而转动，所以在标尺上光点移动距离的大小与电流的大小成正比。

电流通过动圈时，产生的磁场与永久磁铁的磁场相互作用，产生转动力矩，使动圈偏转。但动圈的偏转又使悬丝的扭力产生反作用力矩，当二力矩相等时，动圈就停在某一偏转角度上。

（2）AC15型检流计使用方法

仪器面板如图3-30所示。

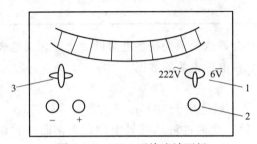

图 3-30　AC15 型检流计面板
1—电源开关；2—零点调节器；
3—分流器开关

① 首先检查电源开关所指示的电压是否与所使用的电源电压一致，然后接通电源。

② 旋转零点调节器，将光点准线调至零位。

③ 用导线将输入接线柱与电位差计"电计"接线柱接通。

④ 测量时先将分流器开关旋至最低灵敏度挡（0.01挡），然后逐渐增大灵敏度进行测量（"直接"挡灵敏度最高）。

⑤ 在测量中如果光点剧烈摇晃时，可按电位差计短路键，使其受到阻尼作用而停止。

⑥ 实验结束时，或移动检流计时，应将分流器开关置于"短路"，以防止损坏检流计。

第四章 常用数据表

表 4-1 国际原子量表

原子序数	名称	符号	原子量	原子序数	名称	符号	原子量
1	氢	H	1.0079	44	钌	Ru	101.07
2	氦	He	4.0026	45	铑	Rh	102.9055
3	锂	Li	6.941	46	钯	Pd	106.4
4	铍	Be	9.01218	47	银	Ag	107.868
5	硼	B	10.81	48	镉	Cd	112.41
6	碳	C	12.011	49	铟	In	114.82
7	氮	N	14.0067	50	锡	Sn	118.69
8	氧	O	15.9994	51	锑	Sb	121.75
9	氟	F	18.9984	52	碲	Te	127.6
10	氖	Ne	20.179	53	碘	I	126.9045
11	钠	Na	22.98977	54	氙	Xe	131.3
12	镁	Mg	24.305	55	铯	Cs	132.9054
13	铝	Al	26.98154	56	钡	Ba	137.33
14	硅	Si	28.0855	57	镧	La	138.9055
15	磷	P	30.97376	58	铈	Ce	140.12
16	硫	S	32.06	59	镨	Pr	140.9077
17	氯	Cl	35.453	60	钕	Nd	144.24
18	氩	Ar	39.948	61	钷	Pm	[145]
19	钾	K	39.098	62	钐	Sm	150.4
20	钙	Ca	40.08	63	铕	Eu	151.96
21	钪	Sc	44.9559	64	钆	Gd	157.25
22	钛	Ti	47.9	65	铽	Tb	158.9254
23	钒	V	50.9415	66	镝	Dy	162.5
24	铬	Cr	51.996	67	钬	Ho	164.9304
25	锰	Mn	54.938	68	铒	Er	167.26
26	铁	Fe	55.847	69	铥	Tm	168.9342
27	钴	Co	58.9332	70	镱	Yb	173.04
28	镍	Ni	58.7	71	镥	Lu	174.967
29	铜	Cu	63.546	72	铪	Hf	178.49
30	锌	Zn	65.38	73	钽	Ta	180.9479
31	镓	Ga	69.72	74	钨	W	183.85
32	锗	Ge	72.59	75	铼	Re	186.207
33	砷	As	74.9216	76	锇	Os	190.2
34	硒	Se	78.96	77	铱	Ir	192.22
35	溴	Br	79.904	78	铂	Pt	195.09
36	氪	Kr	83.8	79	金	Au	196.9665
37	铷	Rb	85.4678	80	汞	Hg	200.59
38	锶	Sr	87.62	81	铊	Tl	204.37
39	钇	Y	88.9059	82	铅	Pb	207.2
40	锆	Zr	91.22	83	铋	Bi	208.9804
41	铌	Nb	92.9064	84	钋	Po	[210][209]
42	钼	Mo	95.94	85	砹	At	[210]
43	锝	Tc	[97][99]	86	氡	Rn	[222]

续表

原子序数	名称	符号	原子量	原子序数	名称	符号	原子量
87	钫	Fr	[223]	98	锎	Cf	[251]
88	镭	Ra	226.0254	99	锿	Es	[254]
89	锕	Ac	227.0278	100	镄	Fm	[257]
90	钍	Th	232.0381	101	钔	Md	[258]
91	镤	Pa	231.0359	102	锘	No	[259]
92	铀	U	238.029	103	铹	Lr	[260]
93	镎	Np	237.0482	104		Unq	[261]
94	钚	Pu	[239][244]	105		Unp	[262]
95	镅	Am	[243]	106		Unh	[263]
96	锔	Cm	[247]	107			[261]
97	锫	Bk	[247]				

注：加方括号的数字代表放射性元素的相对原子质量。

表 4-2　国际单位制（SI）的基本单位

量	单位名称	单位符号
长度 l	米	m
质量 m	千克(公斤)	kg
时间 t	秒	s
电流 I	安[培]	A
热力学温度 T	开[尔文]	K
物质的量 n	摩[尔]	mol
光强度 I_v	坎[德拉]	cd

表 4-3　国际单位制（SI）的一些导出单位

量的名称	单位名称	单位符号	其他表示示例
频率	赫[兹]	Hz	s^{-1}
力	牛[顿]	N	$kg \cdot m \cdot s^{-2}$
压力、应力	帕[斯卡]	Pa	$N \cdot m^{-2}$
能、功、热量	焦[耳]	J	$N \cdot m$
电量、电荷	库[仑]	C	$A \cdot s$
功率	瓦[特]	W	$J \cdot s^{-1}$
电位、电压、电动势	伏[特]	V	$W \cdot A^{-1}$
电容	法[拉]	F	$C \cdot V^{-1}$
电阻	欧[姆]	Ω	$V \cdot A^{-1}$
电导	西[门子]	S	$A \cdot V^{-1}$
磁通量	韦[伯]	Wb	$V \cdot s$
磁感应强度	特[斯拉]	T	$Wb \cdot m^{-2}$
电感	亨[利]	H	$Wb \cdot A^{-1}$
摄氏温度	摄氏度	℃	

表 4-4　能量单位换算

尔格 erg	焦耳 J	千克力·米 kgf·m	千瓦·小时 kW·h	千卡 kcal	升·大气压 L·atm
1	10^{-7}	0.102×10^{-7}	27.78×10^{-15}	23.9×10^{-12}	9.869×10^{-10}
10^7	1	0.102	277.8×10^{-9}	239×10^{-6}	9.869×10^{-3}
9.807×10^7	9.807	1	2.724×10^{-6}	2.342×10^{-3}	9.679×10^{-2}
36×10^{12}	3.6×10^6	367.1×10^3	1	859.845	3.553×10^4
41.87×10^9	4186.8	426.935	1.163×10^{-3}	1	41.29
1.013×10^9	101.3	10.33	2.814×10^{-5}	0.024218	1

表 4-5　力单位换算表

单位	牛顿(N)	千克力(kgf)	磅力(lbf)	达因(dyn)
牛顿(N)	1	0.102	0.225	10^5
千克力(kgf)	9.8	1	2.21	9.8×10^5
磅力(lbf)	4.45	0.454	1	4.45×10^5
达因(dyn)	10^{-5}	1.02×10^{-6}	2.225×10^{-6}	1

表 4-6　压力单位换算表

单位	牛顿·米$^{-2}$(帕斯卡)	巴	毫米水柱(4℃)	公斤力·米$^{-2}$
牛顿·米$^{-2}$(帕斯卡)	1	1×10^{-5}	0.101972	0.101972
巴(bar)	1×10^5	1	10.1972×10^3	10197.2
毫米水柱	0.101972	9.80665×10^{-5}	1	1×10^{-8}
公斤力·米$^{-2}$	9.80665	9.80665×10^{-5}	1×10^{-8}	1
公斤力·厘米$^{-2}$	98.0665×10^3	0.980665	10×10^3	1×10^4
标准大气压(atm)	1.01325×10^5	1.01325	10.3323×10^3	10332.3
毫米水银柱(0℃)	133.322	0.00133322	13.5951	13.5951
磅·英寸$^{-2}$	6.89476×10^3	0.0689476	703.072	703.072

表 4-7　用于构成十进倍数和分数单位的词头

倍数	词头名称	词头符号	分数	词头名称	词头符号
10^{18}	艾[可萨](exa)	E	10^{-1}	分(deci)	d
10^{15}	拍[它](peta)	P	10^{-2}	厘(centi)	c
10^{12}	太[拉](tera)	T	10^{-3}	毫(milli)	m
10^9	吉[咖](giga)	G	10^{-6}	微(micro)	μ
10^6	兆(mega)	M	10^{-9}	纳[诺](nano)	n
10^3	千(kilo)	k	10^{-12}	皮[可](pico)	p
10^2	百(hecto)	h	10^{-15}	飞[母托](femto)	f
10^1	十(deca)	da	10^{-18}	阿[托](atto)	a

表 4-8　不同温度下水的表面张力

$t/℃$	$\sigma/10^{-3} N \cdot m^{-1}$	$t/℃$	$\sigma/10^{-3} N \cdot m^{-1}$	$t/℃$	$\sigma/10^{-3} N \cdot m^{-1}$
0	75.64	21	72.59	50	67.91
5	74.92	22	72.44	60	66.18
10	74.22	23	72.28	70	64.42
11	74.07	24	72.13	80	62.61
12	73.93	25	71.97	90	60.75
13	73.78	26	71.82	100	58.85
14	73.64	27	71.66	110	56.89
15	73.49	28	71.5	120	54.89
16	73.34	29	71.35	130	52.84
17	73.19	30	71.18		
18	73.05	35	70.38		
19	72.90	40	69.56		
20	72.75	45	68.74		

表 4-9 一些常用的物理和化学基本常数

物理常数	符号	最佳实验值	供计算用值
真空中光速	c	(299792458 ± 1.2) m·s^{-1}	3.00×10^8 m·s^{-1}
牛顿引力常数	G_0	$(6.6720\pm0.0041)\times10^{-11}$ m^3·s^{-2}	6.67×10^{-11} m^3·s^{-2}
阿伏伽德罗常数	N_0	$(6.022045\pm0.000031)\times10^{23}$ mol^{-1}	6.02×10^{23} mol^{-1}
普适气体常数	R	(8.31441 ± 0.00026) J·mol^{-1}·K^{-1}	8.31 J·mol^{-1}·K^{-1}
玻耳兹曼常数	k	$(1.380662\pm0.000041)\times10^{-23}$ J·K^{-1}	1.38×10^{-23} J·K^{-1}
理想气体摩尔体积	V_m	$(22.41383\pm0.00070)\times10^{-3}$ m^3·mol^{-1}	22.4×10^{-3} m^3·mol^{-1}
基本电荷	e	$(1.6021892\pm0.0000046)\times10^{-19}$ C	1.602×10^{-19} C
原子质量单位	u	$(1.6605655\pm0.0000086)\times10^{-27}$ kg	1.66×10^{-27} kg
电子荷质比	e/m_e	$(1.7588047\pm0.0000049)\times10^{-11}$ C·kg^{-2}	1.76×10^{-11} C·kg^{-2}
法拉第常数	F	(9.648456 ± 0.000027) C·mol^{-1}	96500 C·mol^{-1}
玻尔半径	α_0	$(5.2917706\pm0.0000044)\times10^{-11}$ m	5.29×10^{-11} m
玻尔磁子	μ_B	$(9.274078\pm0.000036)\times10^{-24}$ J·T^{-1}	9.27×10^{-24} J·T^{-1}
核磁子	μ_N	$(5.059824\pm0.000020)\times10^{-27}$ J·T^{-1}	5.05×10^{-27} J·T^{-1}
普朗克常数	h	$(6.626176\pm0.000036)\times10^{-34}$ J·s	6.63×10^{-34} J·s

表 4-10 不同温度下水的饱和蒸气压

$t/℃$	0		0.2		0.4		0.6		0.8	
	mmHg	kPa	mmHg	kPa	mmHg	kPa	mmHg	kPa	mmHg	kPa
0	4.579	0.611	4.647	0.62	4.715	0.629	4.785	0.638	4.855	0.647
1	4.926	0.657	4.998	0.666	5.07	0.676	5.144	0.686	5.219	0.696
2	5.294	0.706	5.37	0.716	5.447	0.726	5.525	0.737	5.605	0.747
3	5.685	0.758	5.766	0.769	5.848	0.78	5.931	0.791	6.015	0.802
4	6.101	0.813	6.187	0.825	6.274	0.837	6.363	0.848	6.453	0.86
5	6.543	0.872	6.635	0.885	6.728	0.897	6.822	0.91	6.917	0.922
6	7.013	0.935	7.111	0.948	7.209	0.961	7.309	0.975	7.411	0.988
7	7.513	1.002	7.617	1.016	7.722	1.03	7.828	1.044	7.936	1.058
8	8.045	1.073	8.155	1.087	8.267	1.102	8.38	1.117	8.494	1.132
9	8.609	1.148	8.727	1.164	8.845	1.179	8.965	1.195	9.086	1.211
10	9.209	1.228	9.333	1.244	9.458	1.261	9.585	1.278	9.714	1.295
11	9.844	1.312	9.976	1.33	10.11	1.348	10.24	1.366	10.38	1.384
12	10.52	1.402	10.66	1.421	10.8	1.44	10.94	1.453	11.09	1.478
13	11.23	1.497	11.38	1.517	11.53	1.537	11.68	1.557	11.83	1.578
14	11.99	1.598	12.14	1.619	12.3	1.64	12.46	1.662	12.62	1.683
15	12.79	1.705	12.95	1.727	13.12	1.749	13.29	1.772	13.46	1.795
16	13.63	1.818	13.81	1.841	13.99	1.865	14.17	1.889	14.35	1.913
17	14.53	1.937	14.72	1.962	14.9	1.987	15.09	2.012	15.28	2.038
18	15.48	2.063	15.67	2.09	15.87	2.116	16.07	2.143	16.27	2.169
19	16.48	2.197	16.69	2.225	16.89	2.252	17.11	2.281	17.32	2.309
20	17.54	2.338	17.75	2.367	17.97	2.396	18.2	2.426	18.42	2.456
21	18.65	2.487	18.88	2.517	19.11	2.548	19.35	2.58	19.59	2.611
22	19.83	2.643	20.07	2.676	20.32	2.707	20.57	2.742	20.82	2.775
23	21.07	2.809	21.34	2.843	21.58	2.878	21.85	2.912	22.11	2.948
24	22.38	2.983	22.65	3.02	22.92	3.056	23.2	3.093	23.48	3.13
25	23.76	3.167	24.04	3.205	24.33	3.243	24.62	3.282	24.91	3.321
26	25.21	3.361	25.51	3.401	25.81	3.441	26.12	3.482	26.43	3.523
27	26.74	3.565	27.06	3.607	27.37	3.65	27.7	3.693	28.02	3.736
28	28.35	3.78	28.68	3.824	29.02	3.868	29.35	3.914	29.7	3.959
29	30.04	4.005	30.39	4.052	30.75	4.099	31.1	4.147	31.46	4.194

续表

t/℃	0		0.2		0.4		0.6		0.8	
	mmHg	kPa	mmHg	kPa	mmHg	kPa	mmHg	kPa	mmHg	kPa
30	31.82	4.243	32.19	4.292	32.56	4.341	32.93	4.391	33.31	4.441
31	33.7	4.492	34.08	4.544	34.47	4.596	34.86	4.648	35.26	4.701
32	35.66	4.755	36.07	4.809	36.48	4.863	36.89	4.918	37.31	4.974
33	37.73	5.03	38.16	5.087	38.58	5.144	39.02	5.202	39.46	5.261
34	39.9	5.319	40.34	5.379	40.8	5.439	41.25	5.5	41.71	5.561
35	42.18	5.623	42.64	5.685	43.12	5.748	43.6	5.812	44.08	5.877
36	44.56	5.941	45.05	6.009	45.55	6.073	46.05	6.14	46.56	6.207
37	47.07	6.275	47.58	6.344	48.1	6.413	48.63	6.483	49.16	6.554
38	49.69	6.625	50.23	6.697	50.77	6.769	51.32	6.843	51.88	6.917
39	52.44	6.992	53.01	7.067	53.58	7.143	54.16	7.22	54.74	7.298
40	55.32	7.376	55.91	7.451	56.51	7.534	57.11	7.614	57.72	7.695

表 4-11 一些液体的折射率

物质名称	结构式	密度/g·mL^{-1}	温度/℃	折射率
丙酮	CH_3COCH_3	0.791	20	1.3593
甲醇	CH_3OH	0.794	20	1.329
乙醇	C_2H_5OH	0.8	20	1.3618
苯	C_6H_6	1.88	20	1.5012
二硫化碳	CS_2	1.263	20	1.6276
四氯化碳	CCl_4	1.591	20	1.4607
三氯甲烷	$CHCl_3$	1.489	20	1.4467
乙醚	$C_2H_5OC_2H_5$	0.715	20	1.3538
甘油	$C_3H_8O_3$	1.26	20	1.473
松节油		0.87	20.7	1.4721
橄榄油		0.92	0	1.4763
水	H_2O	1	20	1.333

表 4-12 不同温度下水和乙醇的折射率

t/℃	纯水	99.8%乙醇	t/℃	纯水	99.8%乙醇
14	1.33348		34	1.33136	1.35474
15	1.33341		36	1.33107	1.3539
16	1.33333	1.3621	38	1.33079	1.35306
18	1.33317	1.36129	40	1.33051	1.35222
20	1.33299	1.36048	42	1.33023	1.35138
22	1.33281	1.35967	44	1.32992	1.35054
24	1.33262	1.35885	46	1.32959	1.34969
26	1.33241	1.35803	48	1.32927	1.34885
28	1.33219	1.35721	50	1.32894	1.348
30	1.33192	1.35639	52	1.3286	1.34715
32	1.33164	1.35557	54	1.32827	1.34629

注：相对于空气；钠光波长 589.3nm。

表 4-13 摩尔凝固点降低常数

溶剂	凝固点/℃	K_f	溶剂	凝固点/℃	K_f
环己烷	6.5	20.0	苯酚	42	7.27
溴仿	7.8	14.4	萘	80.2	6.9
醋酸	16.7	3.9	樟脑	178.4	37.7
苯	5.5	5.12	水	0	1.86

注：K_f 是指 1mol 溶质溶解在 1000g 溶剂中的凝固点降低常数。

表 4-14　水的黏度　　　　　　　　　　　　　　　　　单位：mPa·s

$t/℃$	0	1	2	3	4	5	6	7	8	9
0	1.787	1.728	1.671	1.618	1.567	1.519	1.472	1.428	1.386	1.346
10	1.307	1.271	1.235	1.202	1.169	1.139	1.109	1.081	1.053	1.027
20	1.002	0.9779	0.9548	0.9325	0.9111	0.8904	0.8705	0.8513	0.8327	0.8148
30	0.7975	0.7808	0.7647	0.7491	0.734	0.7194	0.7052	0.6915	0.6783	0.6654
40	0.6529	0.6408	0.6291	0.6178	0.6067	0.596	0.5856	0.5755	0.5656	0.5561

表 4-15　一些液体的蒸气压

化合物	25℃时蒸气压	温度范围/℃	A	B	C
丙酮(C_3H_6O)	230.05		7.02447	1161.0	224
苯(C_6H_6)	95.18		6.90565	1211.033	220.790
溴(Br_2)	226.32		6.83298	1133.0	228.0
甲醇(CH_4O)	126.40	$-20\sim140$	7.87863	1473.11	230.0
甲苯(C_7H_8)	28.45		6.95464	1344.80	219.482
醋酸($C_2H_4O_2$)	15.59	$0\sim36$	7.80307	1651.2	225
		$36\sim170$	7.18807	1416.7	211
氯仿($CHCl_3$)	227.72	$-30\sim150$	6.90328	1163.03	227.4
四氯化碳(CCl_4)	115.25		6.93390	1242.43	230.0
乙酸乙酯($C_4H_8O_2$)	94.29	$-20\sim150$	7.09808	1238.71	217.0
乙醇(C_2H_6O)	56.31		8.04494	1554.3	222.65
乙醚($C_4H_{10}O$)	534.31		6.78574	994.195	220.0
乙酸甲酯($C_3H_6O_2$)	213.43		7.20211	1232.83	228.0
环己烷(C_6H_{12})		$-20\sim142$	6.84498	1203.526	222.86

注：表中所列各化合物的蒸气压可用下列方程式计算。

$$\lg p = A - B/(C+t)$$

式中，A、B、C 为三常数；p 为化合物的蒸气压，mmHg；t 为温度，℃。

表 4-16　某些有机化合物的标准摩尔燃烧焓（25℃）

化合物	$\Delta_c H_m/\text{kJ·mol}^{-1}$	化合物	$\Delta_c H_m/\text{kJ·mol}^{-1}$
CH_4(g)甲烷	-890.31	HCHO(g)甲醛	-570.78
C_2H_2(g)乙炔	-1299.59	CH_3COCH_3(l)丙酮	-1790.42
C_2H_4(g)乙烯	-1410.97	$C_2H_5COC_2H_5$(l)乙醚	-2730.9
C_2H_6(g)乙烷	-1559.84	HCOOH(l)甲酸	-254.64
C_3H_8(g)丙烷	-2219.07	CH_3COOH(l)乙酸	-874.54
C_4H_{10}(g)正丁烷	-2878.34	C_6H_5COOH(晶)苯甲酸	-3226.7
C_6H_6(l)苯	-3267.54	$C_7H_6O_3$(s)水杨酸	-3022.5
C_6H_{12}(l)环己烷	-3919.86	$CHCl_3$(l)氯仿	-373.2
C_7H_8(l)甲苯	-3925.4	CH_3Cl(g)氯甲烷	-689.1
$C_{10}H_8$(s)萘	-5153.9	CS_2(l)二硫化碳	-1076
CH_3OH(l)甲醇	-726.64	$CO(NH_2)_2$(s)尿素	-634.3
C_2H_5OH(l)乙醇	-1366.91	$C_6H_5NO_2$(l)硝基苯	-3091.2
C_6H_5OH(s)苯酚	-3053.48	$C_6H_5NH_2$(l)苯胺	-3396.2

注：化合物中各元素氧化的产物为 C→CO_2(g), H→H_2O(l), N→N_2(g), S→SO_2(稀的水溶液)。

表 4-17　KCl 溶液的电导率

$t/℃$	$c/\text{mol}\cdot\text{L}^{-1}$			
	1.000	0.1000	0.0200	0.0100
0	0.06541	0.00715	0.001521	0.000776
5	0.07414	0.00822	0.001752	0.000896
10	0.08319	0.00933	0.001994	0.001020
15	0.09252	0.01048	0.002243	0.001147
16	0.09441	0.01072	0.002294	0.001173
17	0.09631	0.01095	0.002345	0.001199
18	0.09822	0.01119	0.002397	0.001225
19	0.10014	0.01143	0.002449	0.001251
20	0.10207	0.01167	0.002501	0.001278
21	0.10400	0.01191	0.002553	0.001305
22	0.10594	0.01215	0.002606	0.001332
23	0.10789	0.01239	0.002659	0.001359
24	0.10984	0.01264	0.002712	0.001386
25	0.11180	0.01288	0.002765	0.001413
26	0.11377	0.01313	0.002819	0.001441
27	0.11574	0.01337	0.002873	0.001468
28		0.01362	0.002927	0.001496
29		0.01387	0.002981	0.001524
30		0.01412	0.003036	0.001552
35		0.01539	0.003312	
36		0.01564	0.003368	

注：电导率单位 $\text{S}\cdot\text{cm}^{-1}$。

表 4-18　25℃ 时无限稀释水溶液的摩尔电导

正离子	$10^4\lambda_\text{m}/\text{S}\cdot\text{m}^2\cdot\text{mol}^{-1}$	负离子	$10^4\lambda_\text{m}/\text{S}\cdot\text{m}^2\cdot\text{mol}^{-1}$
H^+	349.82	OH^-	198.0
Li^+	38.69	Cl^-	76.34
Na^+	50.11	Br^-	78.4
K^+	73.52	I^-	76.8
NH_4^+	73.40	NO_3^-	71.44
Ag^+	61.92	CH_3COO^-	40.9
$1/2Ca^{2+}$	59.50	ClO_4^-	68.0
$1/2Ba^{2+}$	63.64	$1/2SO_4^{2-}$	79.8
$1/2Sr^{2+}$	59.46		
$1/2Mg^{2+}$	53.06		
$1/3La^{3+}$	69.60		

表 4-19　高分子化合物特性黏度与分子量关系式中的参数表

高聚物	溶剂	$t/℃$	$10^3 K/\text{L}\cdot\text{kg}^{-1}$	α	分子量范围 $M\times10^{-4}$
聚丙烯酰胺	水	30	6.31	0.80	2～50
	水	30	68	0.66	1～20
	$1\text{mol}\cdot\text{L}^{-1}$ $NaNO_3$	30	37.3	0.66	
聚丙烯腈	二甲基甲酰胺	25	16.6	0.81	5～27
聚甲基丙烯酸甲酯	丙酮	25	7.5	0.70	3～93
聚乙烯醇	水	25	20	0.76	0.6～2.1
	水	30	66.6	0.64	0.6～16
聚己内酰胺	40% H_2SO_4	25	59.2	0.69	0.3～1.3
聚醋酸乙烯酯	丙酮	25	10.8	0.72	0.9～2.5

表 4-20　标准电极电位（还原）（25℃）

电极	电极反应	电极电位/V
Li^+/Li	$Li^+(aq)+e^- \rightleftharpoons Li(s)$	-3.045
K^+/K	$K^+(aq)+e^- \rightleftharpoons K(s)$	-2.925
Na^+/Na	$Na^+(aq)+e^- \rightleftharpoons Na(s)$	-2.71
Mg^{2+}/Mg	$Mg^{2+}(aq)+2e^- \rightleftharpoons Mg(s)$	-2.372
Zn^{2+}/Zn	$Zn^{2+}(aq)+2e^- \rightleftharpoons Zn(s)$	-0.763
Fe^{2+}/Fe	$Fe^{2+}(aq)+2e^- \rightleftharpoons Fe(s)$	-0.440
Cd^{2+}/Cd	$Cd^{2+}(aq)+2e^- \rightleftharpoons Cd(s)$	-0.403
Ni^{2+}/Ni	$Ni^{2+}(aq)+2e^- \rightleftharpoons Ni(s)$	-0.257
AgI/Ag	$AgI(s)+e^- \rightleftharpoons Ag(s)+I^-(aq)$	-0.1522
Pb^{2+}/Pb	$Pb^{2+}(aq)+2e^- \rightleftharpoons Pb(s)$	-0.1262
H^+/H_2	$2H^+(aq)+2e^- \rightleftharpoons H_2(g)$	0
Sn^{4+}/Sn^{2+}	$Sn^{4+}(aq)+2e^- \rightleftharpoons Sn^{2+}(aq)$	0.151
Cu^{2+}/Cu^+	$Cu^{2+}(aq)+e^- \rightleftharpoons Cu^+(aq)$	0.153
$AgCl/Ag$	$AgCl(s)+e^- \rightleftharpoons Ag(s)+Cl^-(aq)$	0.222
O_2/OH^-	$O_2(g)+2H_2O(l)+4e^- \rightleftharpoons 4OH^-(aq)$	0.401
Cu^+/Cu	$Cu^+(aq)+e^- \rightleftharpoons Cu(s)$	0.521
Fe^{3+}/Fe^{2+}	$Fe^{3+}(aq)+e^- \rightleftharpoons Fe^{2+}(aq)$	0.771
Ag^+/Ag	$Ag^+(aq)+e^- \rightleftharpoons Ag(s)$	0.7996
Cl_2/Cl^-	$Cl_2(g)+2e^- \rightleftharpoons 2Cl^-(aq)$	1.358
PbO_2/Pb^{2+}	$PbO_2(s)+4H^+(aq)+2e^- \rightleftharpoons Pb^{2+}(aq)+2H_2O$	1.455

表 4-21　几种化合物的磁化率

无机物	T/K	质量磁化率 $10^9 \chi_m/m^3 \cdot kg^{-1}$	摩尔磁化率 $10^9 \chi_m/m^3 \cdot mol^{-1}$
$CuBr_2$	292.7	38.6	8.614
$CuCl_2$	289	100.9	13.57
CuF_2	293	129	13.19
$Cu(NO_3)_2 \cdot 3H_2O$	293	81.7	19.73
$CuSO_4 \cdot 5H_2O$	293	73.5(74.4)	18.35
$FeCl_2 \cdot 4H_2O$	293	816	162.1
$FeSO_4 \cdot 7H_2O$	293.5	506.2	140.7
H_2O	293	-9.50	-0.163
$Hg[Co(CNS)_4]$	293	206.6	
$K_3[Fe(CN)_6]$	297	87.5	28.78
$K_4[Fe(CN)_6]$	室温	4.699	-1.634
$K_4[Fe(CN)_6] \cdot 3H_2O$	室温		-2.165
$K_4[Fe(SO_4)_2] \cdot 12H_2O$	293	378	182.2
$(NH_4)_2[Fe(SO_4)_2] \cdot 6H_2O$	293	397(406)	155.8

表 4-22　无机化合物的脱水温度

水合物	脱水	$t/℃$
$CuSO_4 \cdot 5H_2O$	$-2H_2O$	85
	$-4H_2O$	115
	$-5H_2O$	230
$CaCl_2 \cdot 6H_2O$	$-4H_2O$	30
	$-6H_2O$	200
$CaSO_4 \cdot 2H_2O$	$-1.5H_2O$	128
	$-2H_2O$	163
$Na_2B_4O_7 \cdot 10H_2O$	$-8H_2O$	60
	$-10H_2O$	320

表 4-23　无机化合物的标准溶解热

化合物	$\Delta_{sol}H_m/kJ\cdot mol^{-1}$	化合物	$\Delta_{sol}H_m/kJ\cdot mol^{-1}$
$AgNO_3$	22.47	KI	20.50
$BaCl_2$	−13.22	KNO_3	34.73
$Ba(NO_3)_2$	40.38	$MgCl_2$	−155.06
$Ca(NO_3)_2$	−18.87	$Mg(NO_3)_2$	−85.48
$CuSO_4$	−73.26	$MgSO_4$	−91.21
KBr	20.04	$ZnCl_2$	−71.46
KCl	17.24	$ZnSO_4$	−81.38

注：25℃下，1mol 标准状态下的纯物质溶于水生成浓度为 $1mol\cdot dm^{-3}$ 的理想溶液过程的热效应。

表 4-24　不同温度下 KCl 在水中的溶解热

$t/℃$	$\Delta_{sol}H_m/kJ$	$t/℃$	$\Delta_{sol}H_m/kJ$
10	19.895	20	18.297
11	19.795	21	18.146
12	19.623	22	17.995
13	19.598	23	17.682
14	19.276	24	17.703
15	19.100	25	17.556
16	18.933	26	17.414
17	18.765	27	17.272
18	18.602	28	17.138
19	18.443	29	17.004

注：此溶解热是指 1mol KCl 溶于 200mol 的水。

表 4-25　水的密度

$t/℃$	$\rho/kg\cdot L^{-1}$	$t/℃$	$\rho/kg\cdot L^{-1}$	$t/℃$	$\rho/kg\cdot L^{-1}$
0	0.99987	20	0.99823	40	0.99224
1	0.99993	21	0.99802	41	0.99186
2	0.99997	22	0.99780	42	0.99147
3	0.99999	23	0.99756	43	0.99107
4	1.00000	24	0.99732	44	0.99066
5	0.99999	25	0.99707	45	0.99025
6	0.99997	26	0.99681	46	0.98982
7	0.99997	27	0.99654	47	0.98940
8	0.99988	28	0.99626	48	0.98896
9	0.99931	29	0.99597	49	0.98852
10	0.99973	30	0.99567	50	0.98807
11	0.99963	31	0.99537	51	0.98762
12	0.99952	32	0.99505	52	0.98715
13	0.99940	33	0.99473	53	0.98669
14	0.99927	34	0.99440	54	0.98621
15	0.99913	35	0.99406	55	0.98573
16	0.99897	36	0.99371	60	0.98324
17	0.99880	37	0.99336	65	0.98059
18	0.99862	38	0.99299	70	0.97781
19	0.99843	39	0.99262	75	0.97489

表 4-26　HCl 水溶液的摩尔电导和电导率与浓度的关系（25℃）

$c/\text{mol}\cdot\text{L}^{-1}$	0.0005	0.001	0.002	0.005	0.01	0.02	0.05	0.1	0.2
$\Lambda_m/\text{S}\cdot\text{cm}^2\cdot\text{mol}^{-1}$	423.0	421.4	419.2	415.1	411.4	406.1	397.8	389.8	379.6
$10^3 K/\text{S}\cdot\text{cm}^{-1}$		0.4212	0.8384	2.076	4.114	8.112	19.89	39.98	75.92

表 4-27　有机化合物的密度

化合物	ρ_0	α	β	γ	温度范围/℃
四氯化碳	1.63255	−1.9110	−0.690		0~40
氯仿	1.52643	−1.8563	−0.5309	−8.81	−53~55
乙醚	0.73629	−1.1138	−1.237		0~70
乙醇	0.78506 ($t_0=25℃$)	−0.8591	−0.56	−5	
醋酸	1.0724	−1.1229	0.058	−2.0	9~100
丙酮	0.81248	−1.100	−0.858		0~50
异丙醇	0.8014	−0.809	−0.27		0~25
正丁醇	0.82390	−0.699	−0.32		0~47
乙酸甲酯	0.95932	−1.2710	−0.405	−6.00	0~100
乙酸乙酯	0.92454	−1.168	−1.95	20	0~40
环己烷	0.79707	−0.8879	−0.972	1.55	0~65
苯	0.90005	−1.0638	−0.0376	−2.213	11~72

注：有机化合物之密度可用方程式 $\rho_t = \rho_0 + 10^{-3}\alpha(t-t_0) + 10^{-6}\beta(t-t_0)^2 + 10^{-9}\gamma(t-t_0)^3$ 来计算之。式中，ρ_0 为 $t=0℃$ 时之密度。单位为 $\text{g}\cdot\text{mL}^{-1}$；$1\text{g}\cdot\text{mL}^{-1}=10^3\text{kg}\cdot\text{m}^{-3}$。

表 4-28　常压下共沸物的沸点和组成

共沸物		各组分的沸点/℃		共沸物的性质	
甲组分	乙组分	甲组分	乙组分	沸点/℃	组成 $w_甲/\%$
苯	乙醇	80.1	78.3	67.9	68.3
环己烷	乙醇	80.8	78.3	64.8	70.8
正己烷	乙醇	68.9	78.3	58.7	79.0
乙酸乙酯	乙醇	77.1	78.3	71.8	69.0
乙酸乙酯	环己烷	77.1	80.7	71.6	56.0
异丙醇	环己烷	82.4	80.7	69.4	32.0

表 4-29　均相热反应的速率常数

(1) 蔗糖水解的速率常数

$c_{\text{HCl}}/\text{mol}\cdot\text{L}^{-1}$	$10^3 k/\text{min}^{-1}$		
	298.2K	308.2K	318.2K
0.0502	0.4169	1.738	6.213
0.2512	2.255	9.35	35.86
0.4137	4.043	17.00	60.62
0.9000	11.16	46.76	148.8
1.214	17.455	75.97	

(2) 乙酸乙酯皂化反应的速率常数与温度的关系

$$\lg k = -1780 T^{-1} + 0.00754 T + 4.53$$

k 的单位为：$(\text{mol}\cdot\text{L}^{-1})^{-1}\cdot\text{min}^{-1}$。

(3) 丙酮碘化反应的速率常数

$k(25℃) = 1.71\times 10^{-3}(\text{mol}\cdot\text{L}^{-1})^{-1}\cdot\text{min}^{-1}$

$k(35℃) = 5.284\times 10^{-3}(\text{mol}\cdot\text{L}^{-1})^{-1}\cdot\text{min}^{-1}$

表 4-30 18～25℃下难溶化合物的溶度积

化合物	K_{sp}	化合物	K_{sp}
AgBr	4.95×10^{-13}	$BaSO_4$	1×10^{-10}
AgCl	7.7×10^{-10}	$Fe(OH)_3$	4×10^{-38}
AgI	8.3×10^{-17}	$PbSO_4$	1.6×10^{-8}
Ag_2S	6.3×10^{-52}	CaF_2	2.7×10^{-11}
$BaCO_3$	5.1×10^{-9}		

表 4-31 醋酸在水溶液中的解离度和解离常数（25℃）

$c/\text{mol}\cdot\text{m}^{-3}$	α	$10^2 K_c/\text{mol}\cdot\text{m}^{-3}$	$c/\text{mol}\cdot\text{m}^{-3}$	α	$10^2 K_c/\text{mol}\cdot\text{m}^{-3}$
0.1113	0.3277	1.754	12.83	0.03710	1.743
0.2184	0.2477	1.751	20.00	0.02987	1.738
1.028	0.1238	1.751	50.00	0.01905	1.721
2.414	0.0829	1.750	100.00	0.1350	1.695
5.912	0.05401	1.749	200.00	0.00949	1.645
9.842	0.04223	1.747			

表 4-32 几种胶体的 ζ 电位

水溶胶				有机溶胶		
分散相	ζ/V	分散相	ζ/V	分散相	分散介质	ζ/V
As_2S_3	−0.032	Bi	0.016	Cd	$CH_3COOC_2H_5$	−0.047
Au	−0.032	Pb	0.018	Zn	CH_3COOCH_3	−0.064
Ag	−0.034	Fe	0.028	Zn	$CH_3COOC_2H_5$	−0.087
SiO_2	−0.044	$Fe(OH)_3$	0.044	Bi	$CH_3COOC_2H_5$	−0.091

表 4-33 无限稀释离子的摩尔电导率和温度系数

离子	$10^4 \lambda /\text{S}\cdot\text{m}^2\cdot\text{mol}^{-1}$				$\alpha \left[\alpha = \dfrac{1}{\lambda_i}\left(\dfrac{d\lambda_i}{dt}\right) \right]$
	0℃	18℃	25℃	50℃	
H^+	225	315	349.8	464	0.0142
K^+	40.7	63.9	73.5	114	0.0173
Na^+	26.5	42.8	50.1	82	0.0188
NH_4^+	40.2	63.9	74.5	115	0.0188
Ag^+	33.1	53.5	61.9	101	0.0174
$1/2 Ba^{2+}$	34.0	54.6	63.6	104	0.0200
$1/2 Ca^{2+}$	31.2	50.7	59.8	96.2	0.0204
$1/2 Pb^{2+}$	37.5	60.5	69.5		0.0194
OH^-	105	171	198.3	(284)	0.0186
Cl^-	41.0	66.0	76.3	(116)	0.0203
NO_3^-	40.0	62.3	71.5	(104)	0.0195
$C_2H_3O_2^-$	20.0	32.5	40.9	(67)	0.0244
$1/2 SO_4^{2-}$	41	68.4	80.0	(125)	0.0206
$1/2 C_2O_4^{2-}$	39	(63)	72.7	(115)	
F^-		47.3	55.4		0.0228

表 4-34 金属混合物的熔点   单位：℃

金属		金属Ⅱ百分含量/%										
Ⅰ	Ⅱ	0	10	20	30	40	50	60	70	80	90	100
Pb	Sn	326	295	276	262	240	220	190	185	200	216	232
Pb	Sb	326	250	275	330	395	440	490	525	560	600	632
Sb	Bi	632	610	590	575	555	540	520	470	405	330	268
Sb	Sn	622	600	570	525	480	430	395	350	310	255	232

表 4-35　一些电解质的平均活度系数 $\gamma_\pm$

电解质 \ 浓度 （$\gamma_\pm$）	0.1 mol·L^{-1}	0.01 mol·L^{-1}
AgNO$_3$	—	0.90
KCl	0.77	—
NaAc	0.79	—
CuSO$_4$	0.16	0.40
ZnSO$_4$	0.15	0.387

表 4-36　常用电极反应式及电极电位与温度的关系

电极	电极反应式	电极电位表示式	标准电极电位与温度的关系式
饱和甘汞电极	Hg(液)+Cl$^-$（饱和 KCl）$\longrightarrow \frac{1}{2}Hg_2Cl_2$(固)+e$^-$	$\varphi_{甘汞}=\varphi^{\ominus}_{甘汞}-\frac{RT}{F}\ln a_{Cl^-}$	$\varphi_{甘汞}=0.2415-0.00065(t-25)$
氯化银电极	Ag(固)+Cl$^-\longrightarrow$AgCl(固)+e$^-$	$\varphi_{AgCl}=\varphi^{\ominus}_{AgCl}-\frac{RT}{F}\ln a_{Cl^-}$	$\varphi_{AgCl}=0.2224-0.000645(t-25)$
醌氢醌电极	C$_6$H$_4$O$_2$+2H$^+$+2e$^-\longrightarrow$C$_6$H$_4$(OH)$_2$	$\varphi_{氢醌}=\varphi^{\ominus}_{氢醌}-\frac{RT}{F}\ln\frac{1}{a_{H^+}}$	$\varphi_{氢醌}=0.6994-0.00074(t-25)$
银电极	Ag$^+$+e$^-\longrightarrow$Ag	$\varphi_{Ag}=\varphi^{\ominus}_{Ag}-\frac{RT}{F}\ln\frac{1}{a_{Ag^+}}$	$\varphi_{Ag}=0.779-0.00097(t-25)$

参 考 文 献

[1] 复旦大学等编. 物理化学实验. 北京：高等教育出版社，1979.
[2] 顾良证等编. 物理化学实验. 南京：江苏科学技术出版社，1986.
[3] 北京大学化学系物理化学教研室. 物理化学实验. 第 3 版. 北京：北京大学出版社，1995.
[4] 孙尔康等编. 物理化学实验. 南京：南京大学出版社，1998.
[5] 清华大学编. 物理化学实验. 北京：清华大学出版社，1992.
[6] 浙江大学等校编. 物理化学实验. 北京：高等教育出版社，2002.
[7] 顾月姝主编. 基础化学实验（Ⅲ）——物理化学实验. 北京：化学工业出版社，2004.
[8] 北京大学化学系胶体化学教研室. 胶体与界面化学实验. 北京：北京大学出版社，1993.
[9] 傅献彩，沈文霞，姚天物编. 物理化学. 第 4 版. 北京：高等教育出版社，1990.
[10] 韩德刚，高执棣，高盘良. 物理化学. 北京：高等教育出版社，2001.
[11] 邓景发，范康年编著. 物理化学. 北京：高等教育出版社，1993.
[12] 姚允武，朱志昂编. 物理化学教程：上、下. 修订版. 长沙：湖南教育出版社，1991.
[13] 印永嘉等编. 物理化学简明教程：第 2 版. 北京：高等教育出版社，1992.
[14] 韩德刚，高执棣编著. 化学热力学. 北京：高等教育出版社，1997.
[15] 韩德刚，高盘良. 化学动力学基础. 北京：北京大学出版社，1987.
[16] 李宗淇，戴闽光. 胶体化学. 北京：高等教育出版社，1984.
[17] 周祖康，顾惕人，马季铭. 胶体化学基础. 北京：北京大学出版社，1987.
[18] 杨文治. 电化学基础. 北京：北京大学出版社，1982.
[19] 彭少方. 物理化学实验. 北京：高等教育出版社，1963.
[20] Danielsand Staff. Experimental Physical Chemistry：Chapter 3 & 8.4[th]. New York：McGraw-Hill，1949.
[21] 毕韶丹等. 物理化学实验. 北京：清华大学出版社，2018.
[22] 北大化学系物理化学教研室. 物理化学实验. 第 4 版. 北京：北京大学出版社，2002.
[23] 蒋智清. 物理化学实验指导. 厦门：厦门大学出版社，2014.
[24] 许新华，王晓岗，王国平. 物理化学实验. 北京：化学工业出版社，2017.
[25] 郑传明，吕桂琴. 物理化学实验. 第 2 版. 北京：北京理工大学出版社，2015.
[26] 邱金恒，孙尔康，吴强. 物理化学实验. 北京：高等教育出版社，2018.